42の失敗事例で学ぶチーム開発のうまい進めかた

ソフトウェア開発現場の「失敗」集めてみた。

出石聡史
DEISHI SATOSHI

本書内容に関するお問い合わせについて

このたびは翔泳社の書籍をお買い上げいただき、誠にありがとうございます。弊社では、読者の皆様からのお問い合わせに適切に対応させていただくため、以下のガイドラインへのご協力をお願い致しております。下記項目をお読みいただき、手順に従ってお問い合わせください。

●ご質問される前に

弊社Webサイトの「正誤表」をご参照ください。これまでに判明した正誤や追加情報を掲載しています。

正誤表　https://www.shoeisha.co.jp/book/errata/

●ご質問方法

弊社Webサイトの「書籍に関するお問い合わせ」をご利用ください。

書籍に関するお問い合わせ　https://www.shoeisha.co.jp/book/qa/

インターネットをご利用でない場合は、FAXまたは郵便にて、下記"翔泳社 愛読者サービスセンター"までお問い合わせください。

電話でのご質問は、お受けしておりません。

●回答について

回答は、ご質問いただいた手段によってご返事申し上げます。ご質問の内容によっては、回答に数日ないしはそれ以上の期間を要する場合があります。

●ご質問に際してのご注意

本書の対象を超えるもの、記述個所を特定されないもの、また読者固有の環境に起因するご質問等にはお答えできませんので、予めご了承ください。

●郵便物送付先およびFAX番号

送付先住所	〒160-0006　東京都新宿区舟町5
FAX番号	03-5362-3818
宛先	（株）翔泳社 愛読者サービスセンター

～失敗続けて25年～

I have not failed.
I've just found 10,000 ways that won't work.
（私は失敗したことがない。ただ、1万通りの、うまくいかない方法を見つけただけだ）

Thomas A. Edison

◎ソフトウェア開発は難しい

　筆者が初めてソフトウェア開発で失敗したのは、まだ大学在学中のころ、友人から頼まれたちょっとしたツール作成のことでした。若さゆえの過ちというのか、当時はきっと自分のことを天才ハッカーか何かと勘違いしていたのでしょう。友人の要望を十分確認もせず「今週末までに作るよ」と安請け合いをしてしまいました。

　実際に作り始めてみると、そんな短期間ででき上がるようなものではありませんでした。結局締め切りになっても10％ぐらいしかできていません。当日になって状況を聞かされた友人は、もう激怒と困惑で泣きそうになっています。正直、それがどんな依頼だったのか、すっかり忘れてしまったのですが、友人のあの困りっぷりはよほど重要な何かだったのでしょう。当分口もきいてくれませんでした。

　その後就職し、いつしか業務でソフトウェアを開発するようになったころ、今度は自分が業務を依頼する側として、大失敗をやらかしました。社外の業者にとあるソフトウェアを依頼したのですが、リリースされたものを見ると何の機能もできていません。本当にどの機能も動かないのです。いったい何がどうしてこうなった？ というかそもそも動かないものを納品することってある？

　そのとき、大学で失敗したときの「怒りと困惑がないまぜになった友人の感情」が、自分にも湧き上がってきました。

そのときになってやっと気がつきました。ソフトウェア開発は難しい。十分に考え備えておかなければ必ず失敗するのだと。こうして筆者の失敗遍歴が始まったのです。

◎リーダーは常に決断を求められる

難しいソフトウェア開発を導くリーダーは、現場で起こる様々な事象に対し、どうアクションすべきか自らの意思で決定しなければなりません。選んだ選択肢次第で大失敗に繋がります。

この重要な決断を求められる場で、リーダーは大変なストレスに晒されます。心臓は突如不整脈を起こし、体中のアドレナリンが上昇します。頭の中でぐるぐると様々な選択肢が巡りますが、どの選択肢を選ぶべきか確信が持てません。

あるとき、生産部署からちょっとしたツール作成の依頼が来ました。軽く聞いた感じでは2日か3日でできそうな気がします。予定外の作業にはなるけれど、頑張れば個人の裁量で何とかできそうです。

「わかりました、今週中にやります」と答えようとしたそのとき、アドレナリンが分泌し、脳裏に学生のころの失敗（作ってみるととんでもなく大変だった件）がよみがえってきました。

「ちょ、ちょっと待ってください。もう一度なぜこのツールが必要なのか教えていただけますか？ その上で要件を定義しますから、見積もりの時間をください」

◎失敗の経験が危険を検知する

　生産部署の困りごとを詳細にヒヤリングした結果、相当大変な作業を伴う内容であることがわかりました。とても2日や3日でできるものではありません。依頼元の生産部署も認識を改め、改めて上位管理職を通じて部署間での重要案件依頼とし、部署間で協力して対策することとなりました。要望を聞いた最初のイメージで、片手間に簡単なツールを作っても実は役に立たず、危うく事業にも影響が出るところでした。

　こうして、アドレナリンと共に失敗経験が湧き上がってきたため「ちょ、まてよ。これヤバイぞ」と正しい判断のきっかけをつかむことができたのです。失敗経験がよい判断に繋がりました。ありがとう失敗。

◎失敗自体はマイナスでしかない

　一般的にも「失敗を許容し、早く失敗をしよう！」とか「ピンチはチャンスだ！」とか力強い言葉が使われております。失敗自体をプラスに転換することはとても大事です。上記の例も失敗があったからこそよい判断ができたケースです。

　ただですね。正直企業活動において失敗自体はマイナスなのです。小さくとも成功しないとビジネスにはならないのです。もし仮に従業員みんなが失敗ばかりやらかしていたら、その企業は倒産してしまうでしょう。従業員の活動が何らかの売り上げや利益に繋がらないとご飯が食べられないのは自明の理です。特に金銭的に余裕のない企業さんにとっては、一回の失敗でも骨身にこたえます。

　筆者はありがたいことに、これまで大小含め多種多様な失敗をさせていただきました。あるときは怒ったお客さんが会社に乗り込んできたこともありますし、品質の悪い商品を作って、会社に結構な損失を出したこともあります。偉そうに言うことでは

ありませんが、失敗談には事欠きません。にもかかわらず務めていた会社は太っ腹といいますか、おおらかといいますか、こんなしくじり管理職を構わず重要なポストに置き、これまで数々の失敗経験を生かす役割を与えてくれました。このことは本当に感謝しております。しかし、誰もが筆者のように大量の失敗を許してもらえるような環境にはないでしょう。

◎失敗を学ぶ

リーダーとしてよい判断を下すには、**自分の中に豊富な失敗のケースを持っておくこと**が必要です。一方、失敗を豊富にやらかしていると失敗を生かす前に会社をクビになってしまうというジレンマがあります。

そこで新しくソフトウェアプロジェクトのリーダーになった皆様、もしくはリーダーを目指す皆様に、筆者の豊富な失敗経験から作った「失敗事例集」を提供できればと考えました。この「失敗事例集」を皆様がよい判断を下すためのガイドとして活用いただきたいと思います。当然、本書と全く同じ失敗はあり得ないと思いますが、それぞれを失敗のパターンとして覚えておけば、きっと役に立つはずです。

また失敗事例だけではなく、失敗の回避策や解決策についてもできるだけ記載をしております。もちろん効果的な解決策は各職場の状況、チームやプロジェクトによって全く異なるでしょう。記載している内容は皆さんにとってベストではないかもしれませんが、方策を考える際の参考例として活用してください。

◎プロジェクトの成功のために

本書は、企業でソフトウェア開発のリーダーをしている方を読者として想定していますが、これからリーダーを目指す方や技術でチームを支えようと思っている方にも参考になるはずです。

ほかにも業務としてソフトウェア開発チームと連携を取らねばならない、品質保証や販売、企画関連の方も参考にしていただけます。

本書は「失敗事例」をわかりやすく疑似体験できるよう、できるだけ具体的な内容を心がけています。とはいえ、恩義ある会社やお世話になった方々にご迷惑がかからぬよう、内容はすべてフィクションに置き換えてあります。あたかも実際にあったかのように書いておりますがすべて作り話ですのでその点はご了承ください。

　本書がソフトウェア開発に関わる皆様にとって、成功に至るための道標となりますように。

出石聡史

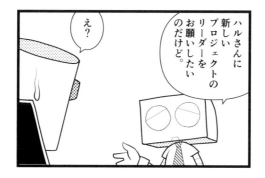

本書を読み始める前に

●本書で扱う架空のプロジェクトについて

　本書では失敗を追体験できるよう、架空のプロジェクトをベースにエピソードを紹介しています。また登場人物も明らかにフィクションであるとわかるように、全員ロボットにしていますが、それ自体重要な要素ではありませんので、あまり深く考えずに、読み進めていただければと思います。

◆エピソードの舞台、背景

　本書の舞台となる、**株式会社ロボチェック**はロボ部品の生産をサポートする、検査機器のメーカーです。ロボ部品の生産において、計測、診断、調整をサポートし、品質をコントロールするためのハード、ソフトを含めたシステムを提供することが、株式会社ロボチェックの主な業務です。

　ロボ部品を生産している企業には、パワータイプを得意とするA社や、耐久性に優れたB社、精度の高いC社などがあります。

◆ロボットアームの自動検査プロジェクト

　あるとき、C社から工場のライン増設に関する相談がロボチェック社に舞い込んできました。今までベテランの技師が行っていた検査工程を自動化し、かつ生産量を増やせないか、という相談です。

　これはロボチェック社にとって大きなビジネスチャンスです。早速この要望に応えるべく「**アームチェッカープロジェクト**」を立ち上げました。もしこのプロジェクトが成功すれば、A社やB社も興味を持ってくれるはずです。

　プロジェクトリーダーにはハルさんを抜擢しました。ハルさんはこれまで優れた技術者として成果を上げてきましたが、リーダーは初めての経験です。

　そしてここからハルさん、チームメンバーのコーハイさんやシンジンさんたちの長い戦いが始まります。プロジェクトには様々な罠や落とし穴が待ち受けており、開発チームは数々の失敗に直面することになるのです……。

生産ラインでの検査工程

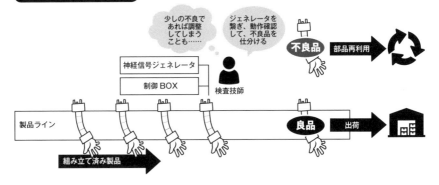

●**本書における用語の使い方**

本書において、各種用語はそれぞれ下記の定義で使用しています。

要望 顧客の望むシステムへの期待。顧客の言葉そのもの。

要求 システムに対する、インプットとアウトプットの期待。どのようなインプットに対して、どのようなアウトプットを期待するのか。要望を分析し、顧客の真の課題から効果的な要求を見出す。

要件 システムに対する、インプットとアウトプットの実態。どのようなインプットに対して、どのようなアウトプットが実際に返ってくるのか。システムの機能を外側から見たときの入出力を定義するもの。要求を実際にシステムとしてどう実現するか定義する。

課題 目標と現状との差異を埋めるための取り組み。作業を開始していないタスクも課題にあたる。

問題 目標と現状との差異そのもの。主に課題を実施したにもかかわらず、なお目標と現状との間に差異がある場合に用いる。

［主な登場人物］（というかロボ）

ハル

この本の主人公。高度な技術力と知識を持ち、技術者として事業に貢献してきたが、このたび新しいプロジェクトのリーダーに任命される。果たして無事、プロジェクトを成功に導けるのか！？

カチョー

ハルさんの上長。管理職。プロジェクトのオーナー。技術者としての実力を買ってハルさんをプロジェクトリーダーに任命する。ほんわかとした雰囲気とは裏腹に、多くの実績を上げている実力者。ハルさんによい経験をさせようと画策している。

ブチョー

開発部門の部長。ソフトウェアのことはあまり詳しくない。どちらかというと昔気質の管理職で、いつも無理難題を吹っかけてくる。部下を大事に考えている一方、組織の長としては厳しくありたいと思っている。

コーハイ

若手技術者。ソフトウェア工学の知識が豊富で、コーディングのスピードも速い。若手随一の技術力を誇るが、調子のよいところがあり、深く考える前に手を動かして、ミスをすることも多い。ハルさんを師匠として尊敬している。

シンジン

期待の新入社員。プログラミング経験はないが、持ち前の好奇心とコミュニケーション力を発揮して現在急成長中。理解力に優れ学ぶ力が高い。ドーナツが大好き。

ヒンシツ

製品の品質保証担当者。製品の品質には妥協を許さない。製品を世に出す最後の審判者としてのプライドがあり、あるべき姿を正論としてぶつけてくるので、いつも開発メンバーと衝突している。

Contents

Chapter 1 「企画」で失敗

Chapter 2 「仕様」で失敗

Chapter 3 「設計・実装」で失敗

Chapter 6 「リリース後」に失敗

「企画」で
失敗

なんでもできる「全部入りソフトウェア」

機能がてんこ盛りで実装が間に合わない

デスマーチ。ソフトウェア開発に携わったことがある人なら、必ず聞いたことのある呪いの言葉です。「自分はそうはさせないぞ！」と思いつつも、気がつけばその渦中に巻き込まれています。実はこのデスマーチ、望まずして最初から計画に織り込まれている場合があるのです。いつの間にか開発期間に見合わない、機能がてんこ盛りになったソフトウェア開発を任されているとしたら、すでに黄色信号かもしれません。

すべての要求に応えてしまう

　株式会社ロボチェック社は、このたび新しい製品企画「**アームチェッカー**」のプロジェクトを立ち上げました。ハルさんが新任プロジェクトリーダーとして、最初に取り掛かるのが**企画提案**です。現時点では「ロボアーム製造における検査の自動化」という、ざっくりとしたイメージしかないため、どのような製品にして、予算はいくらで、いつ発売するのか、具体的な企画をまとめて経営層の承認を得なければなりません。早速マーケティングや事業に関わるメンバーを招集し、詳細を詰めていくことにしました。

 必要なのは検査の自動化なんだけど、実際に重要顧客のラインを見たら、作業者が検査時にアームを調整して不良品も良品にしているのよ。だから自動調整もできなきゃ今より生産性が下がるかもしれないんだ。

 ええ！ 自動調整も必要なんですね。それは技術課題だなあ。でも以前は「関節の滑らかさが見たい」と言っていませんでしたっけ？

 それは別の顧客のことかな。それで、重要なのが納期！ 実はその重要顧客が今度ラインを拡張するらしくてね。稼働予定の2027年に間に合えば結構な数が出そう。逆にこれを逃すと売り上げは非常に厳しくなる。

 じゃあ、2026年12月ぐらいにリリース必須と……。

 あと担当者は検査結果を手入力していたから、データをサーバに直接保存できるようにしてほしいな。自動化しても手作業があったらムダじゃん？

 それはそうでしょうねえ……（あれ、工場内でネット使えるのかな？）

　どの要求も重要で、外せないように感じます。さらに、他の販売メンバーからも顧客要望を聞くと、検査した結果はすぐに印刷したいとか、測定デバイスの通信仕様を公開してほしいとか、アーム検査のための神経信号ジェネレータや制御BOXは〇〇社と△△社が多く使われているけど、B社は□□社のものを導入しているようだから対応よろしくとか、とにかく言いたい放題、多種多様な要望が出てきます。詳しく話を聞けば聞くほど、それぞれの会社で状況は異なり、各々の要望にも確かな理由がありそうです。仕方がありません。とりあえず受け取った要求のすべてを実現できそうな

システムイメージを作り、これまた絶対といわれた納期に間に合うように、開発日程を引いて企画書に記載しました。

 とりあえずリリース日に間に合うように日程計画立てたけど、大丈夫かな。まあ2年もあれば何とかなるよね。

　ところがこれが大間違い。機能実現のために見積もりをはるかに超える工数が必要となり、想定外の技術課題も発生。仕様不明な機能の設計に多くの時間を要し、非機能要件も簡単には達成できず、アーキテクチャ崩れにより想定以上のバグが頻出。結局、機能削減の上に3か月もの遅れとなる、プロジェクト最初の大きな失敗となるのでした。

//

ソフトウェア企画の難しさ

　そもそも仕様はどうやって決まるのでしょうか。顧客の依頼、委託によって、顧客の要望を満たすように作る案件であれば、納得のいくまで顧客と仕様を詰めることになります。

　一方、ビジネスのために、自社のブランドを冠して広く一般に売り出すソフトウェアは、いったいどのような仕様にすればいいのでしょうか。この場合、先ほどのような「顧客」という絶対的な正解がありません。

　そして、正解がないために、つい「あれも欲しいね！」「これもあったらいいよね？」と仕様が膨らんでいき、当初想定していた規模をはるかに上回る巨大なソフトウェアになっていきます。

あいまいな顧客像

　いや、でもちょっと待ってください。確か最初のコンセプトはとてもシンプルだったはずです。「ロボアーム製造における検査の自動化」だけです。とすると、実際に検査をしているベテランの作業者に話を聞いて作ればいいので、前述の「顧客の要望に

沿ってそのまま作る案件」のように見えます。

　では、どこの作業者に話を聞けばいいのでしょう？　例えばA社の作業者は「親指の力が出るかどうか」に注目していますが、B社は「関節の滑らかな動きを検査できるかどうか」が重要と考えています。C社に至っては「動きの悪い箇所を自分で手直しできるかどうか」が重要なようです。おや、それって検査＋調整工程になっていませんか？

　ソフトウェア開発はビジネスです。作ったものを、様々な企業に導入してもらわなければ売り上げが立ちません。しかし、A社の要望だけをかなえる企画ではA社にしか売れません。親指の力を検査できても、動作の調整ができないとC社には導入してもらえないのです。

 とりあえずいろんなケースに対応できるよう、全部対応しておくか。いやでもすべてのケースは想定しきれないぞ？

ステークホルダーからの圧力

　また自社のビジネス用ソフトウェアとなると、販売方面からもたくさん要望が出てきます。実際に製品を売っているのは販売のメンバーですから、彼らにとって売りやすいスペックが必要です。想定顧客の声を聴くだけではなく、販売に関わるメンバーの意見もビジネスには重要なのです。

　しかし、販売やマーケティングの面々は、とにかくいろいろな機能を欲しがる傾向があり、あれもこれもとスペックを積んできます。競合と差別化できる機能が多いほど、彼らのセールストークもやりやすくなるので当然です。こうしてあいまいな顧客像、販売やマーケティングからの強い要望によって、気がつくと想定外の巨大ソフトウェアが構想されることになります。

だが発売時期はすでに決まっている

　そして、もう1つのポイントは、この巨大なソフトウェアをいつリリースするのかということです。これには「投資対効果」の話が絡んできます。ソフトウェアのリリース日はマーケティングの観点から売り上げに繋がるように設定されます。

　例えば、C社の新型ロボアームの生産が再来年度末からスタートするとしましょう。

とすると、アームチェッカーはその前にリリースしていないとC社には1台も売れません。普通に考えれば、自動検査装置に投資するタイミングは新製品のラインが立ち上がる前になるためです。

 日程が最重要なのはわかるけど、こんなに多機能でリッチなソフトを本当にこの期間で作れるのかなぁ……。

そしてデスマーチは計画される

　顧客やステークホルダーの要求をかなえるリッチなスペック。ビジネス上最高のタイミングでのリリース。実際の開発期間や難易度を勘案せず、これらの条件を最優先にしてしまうと、デスマーチを呼び寄せてしまいます。

　内心「いやいやこれ無理でしょ」と思っていても、ステークホルダーの強い声には逆らえず、「何とか工夫してやりきるしかない！」という雰囲気がどこからともなく流れます。チームみんなで知恵を出して、足りない工数やら予算やら開発方針やらのやりくりをし、ギリギリ「ハッピーケースなら何とかなるかもしれない」という**楽観的**

図 各要望と現実の開発日程が合わない

期待のもと、この危険なスケジュールにコミットしてしまうのです。そうです。ここが失敗のポイントです。

このように、過度なスペックの開発を請け負わされそうになったとき、リーダーとしてはカッコつけたりいい顔をしたりすることは不要です。**しっかり実現性を精査し、可能な日程を提示する**のです。現時点で明確にはできない先々の日程はリスクとしてステークホルダーに理解してもらいましょう。彼らとの交渉でできることは3つ。**機能を削るか、日程を見直すか、リソース（人材）を増強するか**です。しかし、人材の増強は常に効果的な対策とは言えません。無計画に人員を増やすことは、コミュニケーションのパスが増加し、作業量が増えるだけでなく、新たな人材を教育するためのコストもかかります。まずは当初のコンセプトに立ち戻り、顧客の価値にフォーカスして、もっとシンプルなソフトウェアにできないか、仕様を見直すのがよいでしょう。ただし、日程に関する極端な水増しは技術者としての信頼を落としますのでご注意を。

まとめ

失敗	機能や日程の要求を満たすことが可能か精査をせず、スケジュールの遅延を招いた

回避策❶	開発メンバーも企画に参画し、早期に要求の実現可能性を提示する

回避策❷	実現可能性が低い場合には、機能か日程の見直しを行う

Episode 02

みんなの願いをかなえたい「八方美人仕様」

お願いされた機能を断れない

企画立ち上げ時に開発側もきちんと意見を出さないと、いつの間にか仕様が肥大化し、当初のリリース日程では賄いきれなくなります。ただし、仕様が肥大化するのは企画時だけのことではありません。日々、様々なステークホルダーから「緊急要望」が投げかけられ、プロジェクト実行中もどんどん機能が肥大化していきます。販売の要望は確かに必要と思われるのですが……。

Excelに対応してくれという販売要望がでてますが……。

断ろう。どうせExcelのアップデートで動かなくなるぞ？メンテナンスコストがばかにならん。

え？Excel連携できない？何言ってんスか！顧客要望ですよ？いるでしょ。

そもそも前バージョンで搭載するって言ってたじゃないすか。

あ、ハイ……。

販売

いや、別にいらないですよ。

どうせデータは加工するのでCSVで保存できるとかコピペできるとかで問題ないです。

ですよね

ユーザー

機能追加断りたい？ダメじゃ。もうすでに販売からの提案が承認されとる。なにがどうしても実装するんじゃ。もちろん追加人員はおらん。

マジで

経営者

008

ステークホルダーからの要望は続く

アームチェッカープロジェクトの企画は思いのほか難航しましたが、しっかり海外からも販売や顧客の要望を聞き、みんなが納得する製品イメージを作り上げ、開発日程と売り上げの目標も立てました。そしてついに経営層への提案を実施し、無事に企画承認を勝ち得ました！あとは粛々と作っていくだけ、と思っていたのですが、なぜだか後からあれも欲しいこれも欲しいという声が聞こえてきます。

「アームチェッカー」なんだけどさ。通信コマンドをうちの他の製品と互換にしてほしいのよ。顧客というより、Slerさんの要望というか。

はー。なるほど。でも完全互換は無理ですよ。ほかの製品にはない機能だってありますし……。

新機能については新コマンドでいいからさ。すでにうちの製品を導入してくれている顧客に売り込むには、置き換えのコストを抑えたいのよ。

ちょうど今新しいコマンド体系を設計中なので、検討してみます。

そしてまた後日、

実は今度、社内の製造データ管理システムを刷新するんだけど、「アームチェッカー」の生産からこのシステムに対応させられないかな？

えーと、今は製造時の検査データは社内サーバに送信する仕様になっているけど、それを新システムと連携するように変更するってことですか？

そうそう。アームチェッカー量産前にテストしたいので2026年12月には欲しいな。これが新システムのAPIだよ。

うわ、全然違う。しかもセキュリティ要件がキビシイ。簡単には実装できない気がするけど、刷新されちゃうなら仕方ないなあ……。

あれほどヒアリングして、みんなで合意を得た企画であっても、どういうわけか、要望は後から後から出てきます。そして、それぞれの話を聞いていると、いずれも重

要に思えてきます。仕方がありません、要望を仕様に追加し、日程の隙間を探してとにかく実装をすることにしました。

　ところがこれが大失敗です。もともとギリギリに詰め込んだ日程なのに、機能が追加されることで、一切の失敗も遅延も許されない日程になってしまいました。当然、開発が進むと様々な課題が発生しますが、その課題を解決する時間も取れないため、遅れがどんどん拡大していくことになります。

 失敗した……そりゃそうだよね。日程は変わらないのに機能だけどんどん追加していったら、破綻するのは当然だよ。どうしたらよかったのかなあ。

顧客要望だけが要求ではない

　企画がまとまったといっても、まだまだ油断はできません。あんなに議論を重ねて、この仕様と日程でいいですよね？ これで売れますよね？ と合意したのに、どうして要望が追加されるのでしょうか。いくつかのパターンが考えられます。

- 要望を言い忘れていた。もしくは思い出した
  - 「そういえばお客さんがExcelと連携できないと買わないと言っていました」
- 企画に巻き込んでいないステークホルダーがいた
  - 「あ、生産の人を巻き込んでいませんでした、ごめんなさい……」
- 顧客に新商品の説明やデモをしたら追加要望が出た
  - 「そこまでできるなら、こうしてくれたらもっと助かるのに」
- 重要顧客への納品日程が変わった
  - 「競合他社も売り込んできていて、当初より早めにデモが必要です」
- ハードウェアでは実現できないことがわかったので、ソフトで何とかするしかなくなった
  - 「え？ あの部品、調達できないの？」
- 競合他社からすごい製品が出てきた。今のままの仕様では勝てない
  - 「後出しで同じ機能では厳しいですよ。倍の性能出しましょうよ。倍！」

みんなの要望を聞き入れてしまう

　ハルさんは販売から製品導入時の困りごとを聞いて、追加要望の必要性を理解しました。そして、生産からは製造データ管理システムを刷新すると聞いて、高い品質と収率のよい製品作りのために、データ連携ツールが必須であると確信しました。そして、広報から販売促進のためにデモモードが必要と聞けば、確かにまずは使ってもらえないと意味ないよな、と納得してしまうのです。

確かにその要望は重要かつ納得できる。世の中も変化しているし、企画の後でわかることもあるしなあ。とはいえ実装はそう簡単にはいかないぞ……いったいどうしたら。

　どの要望も既存機能と同様の重要性を感じます。その結果「仕方ない、みんなが言うのだから必要なのだろう。売れないものは開発しても仕方ないし。このくらいなら何とかなるだろう……」と、**仕様書をこっそり修正してしまいます。**ここが今回の失敗のポイントです。

ベースラインを共有し、インパクトを示す

　みんなの願いをかなえようと、随時すべての要望を取り入れ始めるとスケジュールは破綻します。なぜなら最初の企画段階で、すでにギリギリの日程だったはずなのですから。みんなで頭を寄せ合って、何とか成り立つ日程を立てたのに、そこにたった1つであっても機能が追加されたら、もうそれだけで日程が遅れるはずなのです。ではいったいどうしたらいいのでしょう。

※バッファは技術課題などに対応するための時間を確保
したものであり、空いているわけではない。埋めてしま
うと課題に対応できなくなる。また機能が増えている
分、評価にも追加で時間が必要になるはず。

図 要望に応えるために、バッファを使ってしまう

　こうした追加要求がある場合、すぐ仕様に取り入れるのではなく、一旦、**仕様に組み入れるかどうかの検討ステージ**を設ける必要があります。その要求に応えることは、どのくらい価値があり、どのくらい日程が遅れるのか、もし日程を遅らせることができないなら、代わりにどの機能を削るのか、といった観点を検討します。

　つまり、「**企画のアップデート**」**プロセスを設ける**のです。再度ステークホルダーを集めて企画をアップデートしましょう。改めて要望の重要度を見直し、今回実装すべき優先度の高い要望はどれなのか、再度点検します。日程が延ばせないのなら、優先度の低い機能は落とすしかありません。関係者全員で涙を呑み、作らない機能を決めるのです。

 合意を得た仕様は、必ずステークホルダーと共有しておきましょう。これが日程も含めた仕様のベースラインであることを理解してもらうことが重要です。

仕様に対する科学的アプローチ

　ソフトウェアは機能を追加しやすいので、様々なステークホルダーから常に要望を受けます。その一方で、受けた要望のすべてを定められた期間で開発することはできません。幾百の要望の中から実装すべき機能を厳選しなくてはなりません。顧客課題を解決し、売り上げを拡大させ、年末のボーナスを勝ち取れる要望はどれなのか。開発、販売、企画が一体となって仕様を見直し、ソフトの価値を最大化するのです。

　こうして再度見直した仕様ですが、実はそれでもまだ「仮説」です。世の中の変化や本当に必要とされる機能が何か、現段階では確かめられていません。状況の変化を受けて、またしても新たな要望が追加されます。したがってこの「仮説」を早期に検証し、確信を持って開発を進められるようにすることも、追加要望を抑える重要なポイントです。**仮説検証の素早いサイクル**が、激しい変化の時代にあって、価値あるソフトウェアを開発する鍵であり、別の表現をするならアジャイル開発の肝です。

まとめ

失敗　追加要望を随時仕様に追加し、日程に遅れを招いた

回避策　企画承認後に追加要望がある場合は、再度ステークホルダーと仕様の優先度を合意し直し、優先度の低い機能は仕様から落とす

Episode

03

顧客要望通りの「使えないソフトウェア」

顧客の真の困りごとを捉えていない

/////////////////////

新製品の企画を立てる際、様々な要望が寄せられます。この要望をそのまま要求として仕様化してしまうと、なぜだか使えないソフトになってしまうことがあります。あれ？ この機能欲しいって言っていたのに何で使ってくれないんですか？ ソフトウェア技術者であれば耳にタコができるほど聞いた「顧客は自分の欲しいものを知らない」という話は決して神話などではなく、現実に起きることなのです。

一見簡単に見える要求

　また新しい顧客要望があったようで、今日も販売と打ち合わせです。ハルさんも最近はこうした追加要望に慣れっこになり、大体は断ることにしているのですが、今回はどうも重要そうです。

 C社さんから散布図が欲しいと要望されてね。X軸にロボアームの指動作信号を、Y軸に指の可動量を取って両者の相関が見たいそうなんだ。

 まあデータは取っていますから、できるとは思いますけど、もう日程にも予算にも余裕はないんです。先日のご要望もお断りしましたよね？

 あーExcel連携ね。CSVファイル経由で何とかなるので大丈夫。でも今回の散布図は絶対入れたい。C社さんの製品検査には必須らしいのよ。

 そこまで重要な機能なら入れますけど、代わりにどれか機能を削らせてください。もう日程的に無理なので……。

 わかったわかった。機能の優先順位つけるから、ちょっと時間くれる？ 販売の他のメンバーの意見も聞くから。

 （まあ散布図つけるぐらいなら、描画ライブラリにお任せだから何とかなるか……）

　またしても新機能の追加です。ハルさんもさすがに懲りて、新機能を入れるのであれば、他の優先度の低い機能を削除してよいという約束を取りつけました。スバラシイ！ 失敗が生きています。

　しかし、残念ながらこれが次の失敗です。あまり深く考えず「散布図をつけます」と答えたハルさんですが、実はただ測定データの散布図を表示するだけでは、顧客の困りごとは解決できなかったのです。

　顧客の真の要望は、ロボットアームの型式によって合格不合格の判断基準に違いをつけたい、ということでした。高級な型は厳しく、安価な型は少し緩い判断基準を設けて価格と収率のバランスを取りたいのです。しかし今は熟練作業者の判断に任せてしまっているため、まずはその判断基準をデータ化し、型番に応じた合格不合格のラインをソフトに設定できることを望んでいます。つまり散布図だけではなく、熟練作

業者による合格不合格の入力機能、合格不合格の境界を判断基準として設定する機能、判断基準に沿って合格不合格を表示し、記録する機能などが必要です。

　結局、顧客に散布図のデモをしたときに初めてこの真の要望が発覚、慌てて機能の追加をすることになりました。しかし日程に余裕はありません。もう頑張るしかほかに手はなく、結局デスマーチにデスマーチを重ねることになってしまいました。

オレゴン大学の実験

　ソフトウェア開発にちょっとでも携わったことがあるなら、絶対にどこかで見たことがある絵があります。

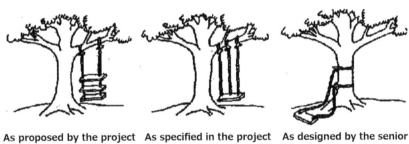

As proposed by the project sponsor.

As specified in the project request.

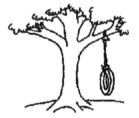

As designed by the senior analyst.

As produced by the programmers.

As installed at the user's site.

What the user wanted.

図 『オレゴン大学の実験』より引用の絵

　これは『オレゴン大学の実験』（C.アレグザンダー・他著、B6判、203p、鹿島出版会、1977年12月）という本で紹介されているソフトウェアの本質的な課題を示した絵で、ステークホルダーは各々理解が異なるため、結果顧客の欲しかったソフトウェアはでき上がらないことが揶揄されています。

　ソフトウェア開発に携わる人なら誰もが知っているよくできた絵なのですが、それでもやはり実際の開発となると要件を明確につかむことは難しいのか、結局求められていない製品ができ上がってしまうケースは多く見られます。

想像の範囲でしか欲しいものは伝えられない

　そもそも顧客、あるいはユーザーは自分の欲しいものをソフトウェア技術者にわかるように伝えることが難しいのです。それは別に日本語が不自由ということではなくて、たいてい顧客は「オレの考えた最強の機能」を要望することが多く、**困りごとは伝えてくれない**のです。

 いろいろ要望いただくのはありがたいんだけど、何に使うのかな？　測定データを図にしてほしいって言われても、データがあればExcelで作れるよね……本当にいるのかな？

解決したい課題がわからないと仕様化できない

　事例で示した「X軸にロボアームの指動作信号を、Y軸に指の可動量を取って両者の相関を見たい」という顧客からの要望ですが、実はよく考えれば考えるほど、何を作るべきなのかわからなくなります。

　例えば、アームチェッカーはロボアーム製造の良品チェック時に使うはずなので、あらかじめ決められたXとYの相関曲線から外れたら、その商品をNGとしたいのではないか、という想定もできるでしょう。本当にそうなら、目標となる相関曲線を表示する機能や、どのくらい外れたらNGにするのかの閾値設定機能も必要になりそうです。

　いや、違うかもしれません。そもそも現在、企画中の新ソフトウェアは「自動検査、調整システム」でした。自動で検査できるのに、どうして散布図がいるのでしょうか。

もしかしたら将来の収率アップに向けた生産ライン分析に使うのかも？しかし、情報を顧客のサーバに集約して分析したいのであれば、グラフではなくてCSV等のデータで出力するほうがよさそうです。ひょっとしたらエビデンスとして紙に印刷して残したいのかも？だとしたら印刷機能が必要では……。うーん。こうしてどんどん疑問が増えていきます。

 散布図つけるだけならできるなーって思ったけど、ぶっちゃけ設計ができない……何ができたらいいんだろうこのソフト。

　ここが失敗のポイントです。実は**顧客の解決したい課題を全く聞けていません**。顧客は、本当は何に困って何を助けてほしいのでしょうか？顧客から散布図を欲しいと言われて、その通りに作っても、結局その顧客の困りごとが解決できないのであれば、全く役に立ちません。顧客に言われるがまま機能を作っても、結局使われない原因がここにあります。

顧客の困りごとは何か

　解決策はシンプルです。顧客やユーザーからは、彼らが欲しい機能ではなく、誰が何のためにその機能が必要なのか「真の困りごと」を引き出すことです。何が欲しいのかではなく、なぜ欲しいのかを聞き出しましょう。
　真の困りごとを明確化する際は、その機能を使う場面だけではなく、その前後の作業も含めて、誰が何のために必要なのか、本当は何ができていたらいいのかを見つけ

図 要望の裏にある真の課題を見抜く

るようにしましょう。例えば、先のロボアームの散布図にしても、検査合格品には合格シールを、不合格品には不合格シールを貼り付ける工程があるかもしれません。そうであれば合格／不合格シールを印字する機能があったほうがいいかもしれません。

　そして、もう1つの解決策は、機能に自由度を持たせることです。結局本当の困りごとはわからないし、わかってもその人しか困っていないことかもしれません。そうであれば機能に自由度を持たせて、顧客自身がカスタマイズできるようにしておく、というのも一案です。

　散布図の例であれば、別ファイルからX-Yデータを入力してプロットする機能を持たせれば、狙いの相関曲線も引けますし、過去の理想的な実測データをプロットして調整の目標として使う、みたいな用途にも広げられます。こういった機能の自由度を筆者は「遊べるゆとり」と呼んでいて、ユーザーが自分で工夫できる余地を持たせるように設計をします。

　その機能がなぜ必要なのかが大切です。顧客から直接欲しい機能を聞いてきました、というだけで満足せず、機能の裏に隠された真の困りごとをぜひ掘り起こすようにしてくださいね。

まとめ

 失敗 顧客の要望をそのまま実装し、結局使われないソフトになった

 回避策❶ 顧客から機能要望ではなく、「困りごと（課題）」を聞き出す

 回避策❷ 機能にはユーザーの「遊べるゆとり（自由度）」を持たせる

製品のことしか記載のない「足りない成果物」

ビジネスに必要なものがある

さて、改めて詳細日程を作ろう、という段階で恐ろしい検討不足に気がつくことがあります。例えばライセンスの仕組みを考えていなかったとか、製造用のツールのことを忘れていたとか……。「いやそんな馬鹿な！」と思うのですが、企画時には全員が製品スペックで頭がいっぱいになっていますから、脇役のことをつい忘れがちなのです。気づけば承認されたはずの予算や人員や日程が大幅に狂うことに。

何を作るべきかわかっていない

　承認された後も紆余曲折があったアームチェッカーの企画作業ですが、ようやく落ち着いてきました。遅ればせながら開発業務もスタートし、順次重要機能の設計や実装が進んでいます。

　ハルさんはプロジェクトリーダーとして週に1回、開発状況をチームメンバーと確認することにしました。

 アプリの設計は予定通りに進んでそうだね。ファームのほうも問題ないかな？

 問題ないっス。試作機で実測できるようになったので、1つ山を越えた感じっスね。検討中の調整アルゴリズムを試作機に組み込んでみて、想定のパフォーマンスが出るかどうかが今の課題っス。

 じゃあそろそろ、品質保証のチームも参画してくるころだから、ファーム更新ツールも必要になるな。もうできているよね？

 え？

 あれ？ じゃあ生産用のツールは？ 生産の部署とは仕様について合意できているはずだよね？

 え？

　その後も確認をしてみると、社内で必要なものがいろいろと足りていないことがわかってきました。特にアームチェッカーとして必要な認証を取得する方法は、誰に聞いても何を用意すべきかさっぱりわかりません。

　ここで、生産や認証なんてもっと後でも間に合うだろうと、これまであまり考えていなかったことに気づきました。例えばライセンス認証についても未検討です。ほかのプロジェクトを真似したらいいかと、高をくくっていたのですが、ライセンスサーバへの追加機能だとか、販売でのオペレーションフローだとか決まっていないことがたくさん残っています。

これはまずいぞ。何を用意すべきか、チームが把握できていないことがわかった。抜け漏れがあとどれだけあるんだろう。いやいや落ち着け、まずはリストアップしよう。

　後は企画の通った製品を作ればいいだけと思っていたのですが、製品を世の中に出すために必要な機能やツール、サービスの仕組みなどに全く頭が回っていませんでした。果たしてこの後どれだけの遅れや追加投資に繋がるのか……またしても胃がしくしく痛んできました。

//

ソフトウェア技術者は何でも屋

　会社の規模や組織にもよりますが、ソフトウェア技術者は非常に幅広い業務を担当することになります。製品のマーケティングや企画、提案、要求仕様、要件定義、システム仕様、機能設計、実装、ユニットテスト、自動テスト、ソースコードのリポジトリ管理（サーバ管理）、インテグレーションテスト、UATという一連の開発業務から、顧客のクレームやカスタマイズ依頼の対応、技術的な問い合わせへの回答など、リリースの前も後もやることがいっぱいです。

　それに伴い、メインとなる製品はもちろんのこと、それ以外にも様々なものを用意しなければいけないケースが生じます。特にハードウェアメーカーだとハードを作るためのちょっとしたツール類やサービスも作成が必要です。今回のアームチェッカーにおいても、下記のツール類が必要になるでしょう。

- ハードウェア試作機用のデータ取りツール

- データ処理、データ変換アルゴリズムと検証ツール

- 通信インターフェース用設定ツール

- 神経制御信号取り扱い機器認証（Nマーク）取得のためのツール
  - 著者注）Nマークは架空の認証で実在しませんが、現実にもWi-Fi認証など、様々な認証取得が必要になるケースが多いです

- EMC試験用ツール

- デグレ防止用自動テストツール

- 連続稼働テスト用ツール

- ファームウェア更新ツール

- 品質保証用データ取得、設定ツール

- 生産用データ取得、設定ツール

- サービスメンテナンス用データ取得、設定ツール

- ライセンス発行ツールや管理サーバ

　製品をビジネスとして販売するために必要なツールやサービス用の仕組みは、思いのほかたくさん存在します。

　あぁぁ、企画のときにはあんまり考えてなかったけど、アームチェッカーの生産用ツールは何が必要なんだろう？　全然予定に入れてなかったぞ……生産の人も企画に参加してもらえばよかったなあ……。

業務によって要件は異なる

　これらのツールはハード由来の「ジグ（治具）」という呼び方をすることもあります。一例として、大きな規模の会社であれば、品質保証の部門、生産・製造の部門、顧客サービスを行う部門のそれぞれで、専属のソフトウェア技術者が各業務に最適なジグを作っているのですが、小さな会社ではそうはいきません。小さな会社の場合、ソフトウェア技術者は、ほぼほぼ開発部門にしか存在しません。そこで開発部門が各部署の要望を取り入れた上で、必要なツールの要件を明確にし、それぞれに向けたツールを準備しないといけません。

　上記のリストを見ると、何となく求める機能が似ているので、1つのツールにまとめられそうにも思えるのですが、実は部署によって微妙に要望が異なります。「データを保存する」機能1つを取っても、ある部署と別の部署では管理のために保存するフォルダ名や構成が違うとか、ファイル内のデータの並びを変えてほしいとか、操作ミスを防ぐためにこれとこれしか選べないようにしてほしいとか、業務ごとに要望は

異なります。したがって、同じようで少しずつ異なるツールを、それぞれの部署用に作ることになります。これが結構な時間と工数と工夫と人間力を必要とするのです。

 各部署の要望を軽くヒヤリングしただけで、嫌な汗が出てきた。いったいどれだけツールを作らないといけないんだろう？ これはちょっと空き時間で対応できるようなものではないぞ……。

　そして、なぜかこれらのツール類はその存在を軽視されやすく、どうせ開発途中でテストするツールを作るから、それを流用すればいいよね、などといって**各ツールのスケジュールを明確にしないことが多いのです**。どうも最近メインのタスクが全然進捗していない。そこでメンバーによくよく聞いてみたら、実は他部門からの依頼を受けてツールを作っていた、なんてこともあります。実は、ここが失敗のポイントです。
　社内向けのツール類含め、最初から必要なものをすべて俎上に載せた計画にしていないため、スケジュール外の「隠れ仕事」で進捗遅れが発生してしまいます。

成果物は何か

　こういうときこそ、ソフトウェア技術者の強い味方「WBS (Work Breakdown Structure)」の出番です。WBSはご存じの通り、タスクを漏れなく管理するために作る、タスクツリーのようなものです。WBSのWorkは「作業」と認識している人も多いかもしれません。しかし、もともとは作業ではなく「作品」という意味合いらしく、どちらかというと作業ではなく「成果物」をブレークダウンし、そこから必要な作業に落とし込むのが本来的な活用法です。
　もともと"Work Breakdown Structure"という専門用語は、1950年代に米軍が考案したとのことです。当時米軍ではWBSを資材明細書で定義し、資材のための作業を管理することが目的だったようです。しかし、次第に"Work Breakdown"という言葉を「作業分解」と理解する人が増え、WBSはいつの間にか「最初から作業を定義する」ようになったといいます。
　改めてこの成り立ちに立ち返り、WBSを作る際には、プロジェクトや事業にとって**必要な成果物を漏れなく定義し、そこからタスクに落としていく**ことが重要です。タスクを漏れなく挙げようとしても抜けが出てしまいます。なぜなら必要なものが見えていないからです。成果物からブレークダウンすることで、抜け漏れなく、また共通

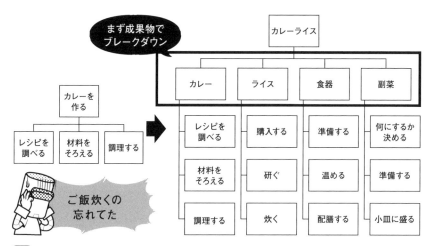

図 WBS は成果物でブレークダウンする

の作業はひとまとめにした効率的なタスク設計ができます。

　まずはゴールとなる成果物をしっかりと定義し、それぞれの仕様や日程を関係部署と合意しましょう。

まとめ

失敗 ：社内ツールの作成をスケジュールに組み込まなかった

回避策 ：成果物を漏れなく定義し、作業化する（WBSを成果物から作る）

Episode

05

ほっとくだけで大問題 「新OS地獄」

環境の変化についていけない

ソフトを企画する際、動作環境を決めることは重要です。実ユーザーはどのような環境でソフトウェアを利用するのか。工場のラインで利用するなら、古い枯れたOSを使っているかもしれません。一方オフィスなら最新のOS対応が必要でしょう。OSの進化も早く、現在は問題なく動作しているソフトであっても、次のバージョンアップで問題が発生するかもしれません。

新OSで動かない

　今年もOSメーカーの開発者フォーラムで新OSの発表がありました。アームチェッカープロジェクトでもその発表を受けて、自社ソフトに対応が必要な機能追加がないか確認をしています。

 今度のOSバージョンアップ情報見ました？ これと言って大きな機能追加はなさそうっスね。

 そうだなあ。アームチェッカーには影響なさそうかな。まあそもそも企画書には新OS対応までは記載していないからね。

　コーハイさんもハルさんも、今回のバージョンアップでは大きな問題は起きないだろうとのんきに構えていたのですが、早速販売から新OS対応の要望が飛んできます。

 顧客の情報なんだけど、社内の全PCを新OSに変更する予定らしいのよ。ぜひともアームチェッカーも対応してほしい！

 うーん、いいですけど古いOSを1つ対応から外させてくださいよ。単純に評価作業量が増えるので……。

 仕方ないなあ。じゃあ一番古いバージョンは対応から外そう。それでいいよね。

　ハルさんもこれまで失敗の経験を積んできたので、今回は簡単には引き受けず、対応OSを1つ増やすなら、その分1つ減らすという交換条件を提案しました。ですがどうも新OSに潜む罠を軽く見ていたようです。新OSに対応すると聞いて、早速品質保証部門がアームチェッカーの動作を確認し始めたところ……。

 ちょっと！ 新OSでアームチェッカー動かないんだけど！ 測定デバイスに接続するところでダイアログが出て止まっちゃう。ちゃんと動作見た？

 えぇぇ？ み、見ましたよー（ほんとは見ていない）。おかしいなあ、別に何にもしていないのに……。

調べてみると新OSから古いAPIが使えなくなっていました。更新されたドキュメントには「このAPIは新OSでは非推奨です」との記載が。実は表に出ている派手な機能追加の裏で、致命的な変化が仕込まれていたのです。

これは思いのほか重大です。非推奨になったAPIをリストアップし、全コードから抜き出して推奨APIに載せ替えねばなりません。引数などに互換性があればよいのですが、メカニズムや使用方法が大きく異なる場合には、しっかり確認しないと、期待の動作をするのかどうかも不明です。

さらに、すでに市場に出ているソフトも非推奨のAPIを使っているものは新OSでは動作しませんから、顧客からクレームが続々と寄せられ、緊急の市場対応業務に時間が奪われていきます。結果アームチェッカーの業務も回らなくなっていきました。

//

増殖するソフトウェア対応環境

ソフトウェアの動作環境は悩ましい問題の1つです。アームチェッカーも、下記3つのOSに対応しなければなりません（※架空のバージョンです）。

● Windows X1 (Version X25H2)

● Windows X2 (Version X25H2)

● macOS 114.0

それぞれに対して32bitと64bitがあり、CPUのタイプもUltimate CoreX7とか、Super M11チップとか、Hyper MM12とか、量子型とか、いろいろなバリエーションがあります（※これらも架空のCPUです）。しかも動作環境という意味ではNativeで動作するバイナリだけではなく、過去のCPUとの互換環境にも対応が必要です。

企画書の対応OS欄にはWindowsX1、WindowsX2、macOSとだけしか書いていません。単純に見ればOSは3種類となりますが、実はバリエーションがものすごく多いことがわかります。OSだけ決めても何をどれだけ作って確認したらいいのか正確に把握できていないことになります。果たして開発計画には正しく成果物が盛り込まれているのでしょうか。

バリエーションで評価工数は純増する

　対応OSが増えると開発の労力も増えますが、単純に評価の手間がOSのバリエーション分純増します。最初の計画時に対応環境を細かいところまでしっかり想定していないと、日程が想定の数倍かかる、なんてことにもなりかねません。まずここがプチ失敗の元です。WindowsX1、WindowsX2、macOSと挙げるだけでは工数見積もりは正確にできません。企画書の段階でバリエーションまで明記し、正確に工数を見積もっておかないと、大幅な日程ミスに繋がります。また新OSが出たからといってホイホイ対応を引き受けるわけにもいきません。

新OS追加って簡単に言うけどバリエーションも多いし、開発よりも評価工数がバカにならないよ。その分日程も遅延するし。やるなら品質保証チームにも人員確保をお願いしないといけないしなあ。

OSは見えないところで変化する

　そしてそれ以上に課題となるのは、OSはバージョンアップするという点です。しっかり対応OSを決めて評価も行い、問題ない状態でリリースできたとしても、次の年にはOSがバージョンアップして動作しなくなることがあるのです。

　本書執筆時点（2024年4月）でも気をつけるべき新機能や事例があります。

● Windows11 22H2から導入された「Smart App Control」

● Windows10 22H2およびWindows11 22H2から導入されたコア分離の機能の「メモリ整合性」

● macOS 11.0からのM1チップ対応およびIntelチップ対応

　それぞれがどのような課題をもたらすのかはまた調べてみていただければと思いますが、Smart App Controlは少なくともソフトウェアを構成するすべてのバイナリに署名が入っていないと動作しないようですし、メモリ整合性はハードウェア制御のために独自のドライバを作っている場合には要注意です。ドライバを自社で作っているならまだ何とかなるかもしれませんが、他社から購入した場合、自社では対応ができないことになります。開発元に頭を下げて対応してもらうしか手立てがありません。

また、特にmacOSでは「OSをバージョンアップしたら今まで利用できていたAPIが非推奨になっていて動かない」というケースがしばしば発生します。特定の機能が動作しなくなった場合、その箇所を分析して非推奨APIを見つけ出し、そのAPIはもう動かなくなったと仮定して、推奨APIで作り直してみるしかありません（動作不良の真因は不明のまま……）。

もっといえば、この機会にすべてのコードから非推奨APIを除去する作業を試みたほうが、後々の課題予防になるでしょう。

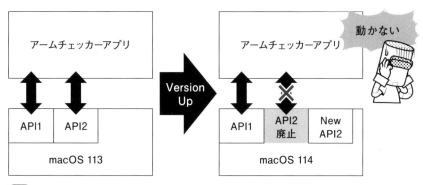

図 環境の変化で動作しなくなる

変化に備える

リリース以降あるいは企画提案後にバージョンアップしたOSのことなんて知らないですよ、と言いたい気持ちは山々ですが、ユーザーが許しません。「おいおい、君のところのソフトだけど、新しいmacで動かないぞ？」と販売が顧客に呼び出しを食らってしまいます。すぐにでも対応計画を提示しなくてはなりませんが、当時の開発者であるハルさんは、現在すでにアームチェッカープロジェクトの業務で手いっぱいです。仕方がありません、アームチェッカープロジェクトを遅らせて対応するしか……。

そう、ここでもう1つの失敗です。**既存ソフトに対するOS対応の計画を立てていなかった**ために、想定外のプロジェクト遅延を招いてしまいました。

世の中に出たソフトウェアは世の中の変化に晒されます。現在開発中のアームチェッカーも、新OSへのバージョンアップで動かなくなりました。実は**何もしない**

でいるだけで、**環境変化によってソフトは動かなくなる**のです。この環境変化をリスクとして取り扱い、あらかじめ計画に含めておかないと、各開発プロジェクトに大きな影響が出ます。

　市場にリリースしている全ソフトウェアに対し、新OSの評価と修正の体制をあらかじめ構築しておかなくてはなりません。問題になる前に課題を発見する必要があります。これは開発部門と品質保証の部門との協力が必要です。各OSに対する自動評価の仕組みができれば一番よいでしょう。

　そして、課題発生時に対応できる人員の確保、および必要な予算（外注費用など）を確保しておきましょう。

　これはプロジェクト単独の問題ではありません。組織全体として変化に備えるため、組織を俯瞰したリーダーシップを発揮することが必要です。

 まとめ

失敗 : 計画時の対応 OS が不明瞭。OSバージョンアップに対する計画がなかった

回避策❶ : 対応OSは企画時よりバリエーションまで詳細まで明記する

回避策❷ : OS変化のリスクに備え、全ソフトのメンテナンス体制を構築する

06

リーダーも新人も一緒「全員一人前計画」

育成コストを計画に見込んでない

当たり前ですが、開発する前には開発計画を立てないといけません。もっともらしい見積もりをして、目標の日程でリリース可能なのかどうかを企画提案の時点で提示する必要があります。リーダー自らがこの見積もりを行うと、つい自分基準の計画を作ってしまいがちです。しかし、新人がベテランの技術者と同じスピードで開発することはできません。

リーダーが見積もる日程の罠

　アームチェッカーもメンバー一丸となって設計やコーディングを進めているものの、何だかじわじわ進捗が遅れています。何か大きな課題があるというわけではないのですが、遅れは一日一日と拡大していきます。

 今週は測定デバイスとPCとの通信プロトコルが完成していないといけないのだけど、進み具合はどうかな？

 大枠はできているのですけど、測定タスクの管理系で詰まっちゃって。

 あのー、そもそも測定タスクって何ですか？ 何かPC側で管理する必要があるとか？

 あーごめん。測定タスクという概念から説明したほうがよかったなあ。測定には一連の流れがあって……。

　進捗会議の後、シンジンさんはハルさんから、改めてロボアーム測定のための基礎講座を受けることになりました。すでに進捗は遅れているのですが、基本を理解しないともっと大変なことになります。致し方ありません。
　そしてまた別の日、今度はコーハイさんとシンジンさんが、通信プロトコルについてすり合わせを行っていたのですが……。

 プロトコルのアプリ側チェックありがとう！ でもこれだと同期通信しかできないなあ。もうちょいコマンド追加しない？

 同期通信？ 何ですかそれ？

 相手の応答を待って、通信するやり方ね。今回パフォーマンスが重要仕様になるから、測定中でもデータ送信できたほうがいいと思うのよ。

 ？？？？

　シンジンさんはその後、コーハイさんからも非同期通信に関するレクチャーを受けることになりました。シンジンさんも少しずつですが通信技術についての理解が深

まってきました。ですが、すでに元の計画からは1週間の遅れが出ています。しかもシンジンさんだけではなく、教育をしたハルさんやコーハイさんの業務にも遅れが出ています。

 計画失敗したなあ。シンジンさんは開発業務もロボットアームの検査についても初めてなのだから、教育の時間も必要だし、このぐらい設計に時間がかかるのは当たり前だよなあ。早く日程見直さないとヤバイぞこれ。

ソフトウェアの生産性は100倍違う

　ソフトウェア開発というのは工学ではあるのですが、ある種、絵を描くような芸術に近い面を持ち合わせています。ダヴィンチの絵を素人が100人かかっても描けないように、優秀なベテラン技術者と経験の浅い若手技術者との差は埋められないほどに大きいのです。なぜならソフトウェアというものは同じ機能を実現するために、いかようにも記述することができるので、人によって出来不出来が大きくぶれるからです。それどころか、アーキテクチャを壊すようなコーディングをして、後々の重大な不具合や手戻りが発生した場合、生産性の差は100倍どころではありません。

　しかし、優秀な技術者も最初から優秀だったわけではなく、様々な成功や失敗を経験し、その経験から学び、その学びをまた実践として生かすことで少しずつ技術を磨いてきたはずです。

　とはいえ、残念ながら業務には締め切りというものがあり、会社は悠長に若手が優秀になるまで待ってはいられません。たいていの場合、新人など若手メンバーは問答無用でプロジェクトに組み込まれ、現場で業務をこなしながら先輩や上司が指導や教育を実施します。プロジェクトを通じてコードの書き方や設計の仕方を伝え、仕様書やコードをレビューし、よりよい品質を担保するための考え方を伝授します。いわゆるOJD（On the Job Development）です。

 今回プロジェクトにシンジンさんが入ってくれて助かっているのだけど、教育コストのこと忘れていたなあ。俺とコーハイでコードレビューは分担するとして、基礎教育をどうするか……。

表に出ない教育コスト

　実は、この教育コストが曲者です。日程を引く際、若手技術者自身の開発スピードは何となく考慮するのですが、教える側の教育コストを侮ってしまいがちです。ベテランなら1日でできるけど、若手が担当するから何となく3日ぐらいにしておこうかな、という具合に見積もればよいのですが、実はその若手の3日は、ベテラン技術者が手取り足取り指導をしての3日です。つまり、ベテラン技術者担当の業務スピードも落ちる、ということを理解しなければなりません。

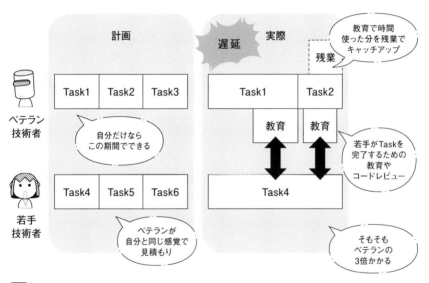

図 ベテランと新人を同じ工数計算で計画する

　今回の失敗のポイントはここです。新人もベテランも同じ工数負担で見積もってしまっただけではなく、教育コストを日程に入れていなかったがために、**ベテラン技術者に想定外の負担を強いた**のです。日中は若手の面倒を見て、自分のタスクは定時後にやるしかない……これでは業務が回るわけがありません。

ベテラン技術者の憂鬱

　若手に教えるぐらいちょっと時間取ってあげればいいじゃない？ そんなに日程に影響はないでしょ？ と思ってしまうかもしれません。しかし、実際には次のような影響が生じて、大きな日程遅延を呼ぶことがあります。

- 優秀な技術者が日程を引いているので、日程を過小見積もりしている

- 優秀な技術者が教育のために時間を取られ、優秀な技術者の業務が遅れる

- 優秀な技術者が持っているタスクは概ねクリティカルなので、優秀な人材の遅れが、プロジェクト全体の日程インパクトに繋がる

- 若手技術者が書いたコードを優秀な技術者がレビューし、修正するための追加工数が発生する

- 若手技術者が書いたコードから不具合が想定以上に発生して、日程にインパクトが出る

教育コストも含めて日程計画は立てる

　とはいえ、人はみなできないところから出発するものです。できる経験を積まなければ、できる人材にはなりません。こうした**教育コストも含めて日程計画を立てる**必要があります。具体的には次のような流れで計画を立てます。

① 教育も含めて日程を作成する

② 不具合件数予測もスキルの幅を見て少し多めに想定する

③ 若手技術者の担当タスクはプロジェクト全体に影響の少ない、できるだけ独立した機能を選択する

④ 全体のアーキテクチャを崩さない限りは若手技術者に設計を任せる（ちょっとした失敗は許容）

　④は我慢ならん！ という方も多いと思いますが、我慢しましょう。よーく思い返してみてください。自分のときも結構我慢してもらっているはずです。失敗しないと経験値は上がりません。とはいえ、いきなりグローバル変数を勝手に定義してインターフェース仕様をぶっ飛ばすなど、ルール無用な悪逆非道行為が起きた場合は、厳しく指導するべきです。ダメすぎる設計は製品プロジェクトが崩壊してしまいます。このあたりの匙加減が難しいのですが、こういうことを考えること自体が、逆に教える側の優秀な技術者の力をさらに伸ばす機会にもなります。

 プロジェクトはとてもよい教育、育成の場です。メンバー各自のスキルアップをプロジェクトに組み入れて、考えておくことが重要です。

　また、ペアプログラミングなどの複数人で設計・実装する方法も効果的です。チーム全体の開発スピードを計測してコントロールできるだけでなく、よい設計や実装が期待できます。さらに、教育方法としても優れているため、一石二鳥です。
　チームでソフトウェアを作成する場合には、メンバーのスキルレベルに合わせて、学びや育成についても計画や費用の中に取り入れていきましょう。

まとめ

 失敗　　：　日程計画に教育コストを含めていなかった

 回避策　：　**メンバーのスキルレベルに合わせた日程と教育にかかる工数を見積もって、計画や費用に組み込んでおく**

何を、なぜ作るのかが最重要

　ソフトウェア開発最大の失敗は「作るものを間違える」ことです。品質が素晴らしく、GUIも優れていてパフォーマンスも申し分ない。機能も充実しているソフトウェアができたとしても、それが望まれないものであれば全く意味がありません。

　ソフトウェアは「何を、なぜ作るのか」が最も重要です。特に「なぜ」作るのかをしっかり考え、明確にしなくてはなりません。「なぜ」作るのかを明確にしなければ、「何」を作るのかを間違ってしまいます。もちろん「なぜ」を明確にしたとしても、作るものを間違ってしまうこともあるのですが、「なぜ」を外してしまうと、そのあと作るものはすべて間違ってしまいます。

　この「なぜ」を開発に入る前、つまり企画時にしっかり精査することが肝心です。そのために、次のような項目を書き出してみるとよいでしょう。

　　顧客：顧客は誰か
　　課題：顧客の課題は何か
　　理由：なぜその課題は未解決なのか
　　価値：その解決手法を導入することで顧客にどんなメリットがあるのか
　　解決手法：どうやって課題を解決するのか
　　優位性：その解決手法の優位性は何か
　　実現性：なぜ自社で取り組むのか。なぜ自社でできるのか

　顧客、課題、理由、価値までが「なぜ」にあたるところです。この「なぜ」を押さえた上で、解決手法、優位性、実現性など「何」をどう作るべきか、紐づけて明確にします。

　この項目表を持って、事業を企画している人や、実際に同様の顧客とお付き合いしている販売の人、できれば実際の顧客にも意見を聞きに行きましょう。調査を基に上記項目の内容の確度を高め、現実的に意味あるものにするのです。

　顧客の「こういうものが欲しい！」を受けて、即ものづくりをするのではなく、**真の困りごとをどう解決するのか**を明確にしましょう。その**ソフトウェアを「なぜ」作るの**かがすべての原点です。

　今携わっているプロジェクトがなぜ必要とされるのか、もし簡潔に説明できない場合には、一旦立ち止まって「なぜ」を点検することも必要でしょう。

Chapter

2

「仕様」で
失敗

Episode

07

実装できない「ふんわり仕様」

具体的にイメージできていない

ソフトウェアには仕様が必要です。とても当たり前なことなのですが、何をどんなふうに作るのかがわかっていないと作れません。コードを書く人すべてが同じ完成イメージを共有していないと、コレジャナイソフトができ上がってしまいます。Chapter2ではこの仕様に関する様々な失敗をご紹介します。ダメな仕様書は間違った実装を誘発し、当初の日程が守れないなんてことになってしまいます。

甘い見積もり

プロジェクト途中での急な仕様追加、よくある話です。ハルさんからコーハイさんに、急遽発生した追加機能の見積もりをお願いしています。

 セキュリティに関するサーベイがあって、データファイルを保護しないといけないことになったのよ。仕様書に追加したいんだけど、急ぎ工数の見積もりをお願いできるかな？

 いいっスよ。えーと、データファイルを暗号化するだけですよね。暗号化ライブラリを呼び出すだけだし1日あればできますよ。

 じゃあとりあえず余裕見て2日にしておくわ。全体スケジュールには影響なさそうね。よかったよかった。

ところがコーハイさん。いざ設計しようと思ったところ、困ったことに気がつきました。

 そういえば暗号化するといっても、パスワードでいいのかな？ まさか秘密鍵暗号方式ってことないよね。パスワードは何文字以上とかあるのかしら？ あ、パスワードに使える文字種は制限したほうがいいのかな？ 固定パスワードってわけにもいかないだろうし、ユーザー入力も必要だよね？

暗号化するだけなら、APIを呼ぶコードを1行追加すればOKと思っていたのですが、そもそも作るものがわかっていませんでした。とにかく仕様を明確にしなければなりませんが、それには「なぜ暗号化が必要となったのか」、その理由を明らかにしなければいけません。まずはハルさんや、セキュリティサーベイの担当者から話を聞き、仕様を整理することになりました。ようやくポイントを理解し、設計とコーディングを行うことができたのですが、気づくとテストが完了するまで2週間もかかってしまいました。当初は2日といっていたのが、大幅な見積もりミスです。

 5倍の見積もり差が。まずい。見積もりの甘いところはこれだけじゃないよね、きっと。下手したら全体日程が2倍、いや下手したら3倍4倍の遅延が発生するかもしれない……。

これはあまりにも大きなプロジェクトのリスクです。ハルさんは急いで見積もりの点検を行うことにしました。しかし仕様書を見ても機能の詳細がわからないものが多く、点検作業は到底2〜3日で終わりそうにありません。

//

ふんわり仕様にご用心

Chapter1では機能が想定外に増えているのに、なぜか希望の日程や人員で実現できると判断して開発をスタートし、結果デスマーチを呼び込むという失敗例をご紹介しました。この失敗は開発規模の見積もりの難しさにも起因しています。

ご存じの通り、ソフトウェア工学では工数の見積もりは開発の初期段階ほど精度が悪い、というのが一般的です。なぜなら開発の初期段階ほど「仕様がふんわりしている」からです。事例のように、今回のアームチェッカーの要件定義書には、次のような一文が記載されています。

● 要件No.21：データはパスワードで保護すること

この一文を見て、設計者であるコーハイさんは「いまどき暗号アルゴリズムを一から作ることはないから、何らかのライブラリを使ってデータを暗号化すればいいよね。暗号化の関数を1個呼ぶだけだから、1日あればテストも含めて実装できるんじゃないかな？」と実装のイメージを持ちました。そして「余裕を持って二人日！」とラフな見積もりを行いました。

しかし、この要件には、もしかしたら次の詳細仕様が隠されているかもしれません。

● 要件No.21：データはパスワードで保護すること
  ・ 要件No.21-1：パスワードは8〜20文字の半角英字で、次の半角記号が利用できる（半角記号の種類が続く）
  ・ 要件No.21-2：パスワードは半角英字と半角記号が混在しなければならない
  ・ 要件No.21-3：パスワード入力欄に入力した文字はすべて＊（アスタリスク）で表示され、入力内容がわからないようになっている
  ・ 要件No.21-4：ユーザーの操作によって、パスワード入力欄に入力した文字を一

時的に確認することができる（デフォルトは*によって隠れた状態にある）
- 要件No.21-5：パスワードを忘れたときのために、パスワードをリセットすることができる
- 要件No.21-6：パスワード入力欄に入力された文字列に対し、パスワードとしての強度を表示する（1文字ずつ強度を計算し、表示を更新する）
- 要件No.21-7：パスワード入力欄にはコピー、ペーストの操作ができない

　もうダメです。到底二日では実装できません。コーディング量は、当初の想定より10倍程度に増えるでしょう。さらにテスト工数は、これらすべての条件による組み合わせを考えると、最初の目論見から20倍か30倍ぐらいかけ離れた工数になるかもしれません。

　ここが失敗のポイントです。**「ふんわり仕様」を仕様書に記載してしまうと、後で想定の数倍の工数がかかってしまいます。**気がつくと立派なデスマーチのでき上がりです。特に一見、普通の機能に見えるところほど危険で、「みんなわかるよね？」という暗黙の了解を期待し、「ふんわり」とあいまいな記載をすることで、仕様書ができた気分になってしまうのです。

　だって、どこまで機能を積んだらいいのか難しくて。特にセキュリティ関連はどこまででもやれるというか。何でもかんでも細かく機能を記載するのはいいけど、実装にも膨大な時間がかかるし……。

なぜ仕様があいまいになってしまうのか

　そんな馬鹿な。少し考えれば最初から仕様は詳細に想定できるでしょ？　と思いますよね。しかし、規模の大小はあれ、様々な状況でこの「ふんわり仕様」は発生します。

① 仕様設計者の経験が浅く、十分想定ができない

② 本当に必要な要件が、一担当者では判断も決定もできない

③ 面倒なのでとりあえず簡単に書いておいた（後でディテール入れよう→そのまま）

④ 要件の粒度が大きすぎる

特に②のケースはいかんともしがたく、プロダクトオーナー（あるいはそれに準ずるリーダー）がソフトウェアの要件としてどこまでの機能が必要なのか、きちんと判断・決定する必要があります。仕様のあいまいさは日程遅延の問題だけではなく、用途に対してオーバースペックなソフトウェアになってしまったり、反対に機能が足りなくなってしまったりと、品質面においても様々な問題に繋がります。設計に入る前に要件（仕様）はしっかり固めておくことが重要です。

利用シーンを具体的に妄想する

開発初期に要件を固める際、個人的なおすすめはユーザーの利用シーンを描いておくことです。**なぜその機能が必要なのか**、わかりやすく物語として記述しておきます。例えば、アームチェッカーのデータ確認シーンだと次のようになるでしょう。

> 「さて今日の仕事終わりに、アームチェック状況を確認するか。アラームが出ていないので大きな問題はないと思うのだが」
> 　そういって俺はアームチェッカーアプリのデータ確認ボタンをクリックして、4桁の数字を入力した。
> 「えーと、いちにーさんよんっと。あー声に出しちゃった」
> 　正直なところ、この操作室への入出は限られているので、別にパスワードはなくてもいいと思うのだが、データにアクセスする権限を規制することでポカミスやカジュアルなデータ改ざんを防ぐ役割がある。

　このように具体的な利用シーンを妄想し、そのシーンに紐づけて要件を書き添えます。そうするとその要件がなぜ必要なのかがわかるようになります。小説調でなくてもいいのですが、ユーザーの使用感が伝わるように記載します。このシーンの要件としては、パスワードは数字4桁の入力でよく、ありがちな1234でもOKになっているので、パスワードの強度も制限はなさそうです。アスタリスクで隠す必要もないでしょう（口で言っちゃっているし……）。パスワードの目的は作業者によるミスを防ぐことなので、強度は緩くてもよさそうです。

利用シーン仕様書を基に機能仕様書を作る

シーンを書く際にはできるだけ具体的に記載することをおすすめします。具体的に書けないところはまだ仕様が「ふんわり」しているサインです。具体的に書けば、機能だけではなく、非機能要件まで見えてきます。

このシステムの利用シーンを描いた文書（利用シーン仕様書）を、すべての仕様書よりも前に作成し、これを基に機能仕様書に落とし込んでいきます。ちょっと面倒ですが、要件を漏れなく定義するためにも、まずはシステム全体の利用シーンをできるだけ具体的に描いておきましょう。

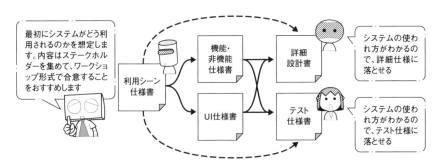

最初にシステムがどう利用されるのかを想定します。内容はステークホルダーを集めて、ワークショップ形式で合意することをおすすめします

利用シーン仕様書

機能・非機能仕様書

UI仕様書

詳細設計書

テスト仕様書

システムの使われ方がわかるので、詳細仕様に落とせる

システムの使われ方がわかるので、テスト仕様に落とせる

図 利用シーンを明確にする

まとめ

失敗 ： 詳細があいまいな「ふんわり仕様書」で日程遅れを出した

回避策 ： 最初に利用シーン仕様書を作成し、システムのあるべきふるまいを規定する

Episode

08

解読が必要な「難読仕様書」

文章で正確に伝わらない

前エピソードでは仕様そのものがふんわりしていて物が作れない、という失敗でしたが、今回は仕様の書き方が悪くて物が作れないという失敗です。正確に仕様を文章で伝えることはとても難しく、作ってみたら思っていたものとは全然違うものが出てきた、ということがよくあります。さながら伝言ゲームのように、文章のあいまいなところを、技術者がそれぞれの想像力で補完して作るためです。

コマ1:
この稟議は差し戻しじゃな。理由がさっぱりわからん。ハルさんを指導してくれんか？
わかりました。

コマ2:
理由が長すぎだね。そんなに読めないよ。結局なんで必要なのかわからないし。
件名：MSDN Subscription 購入の承認
理由：拝啓。平素よりお力添えをいた〔〕
昨今新型ウィルスの影響や、ワークラ〔〕
三密をさけてリモートワークを実施する〔〕
ケースも増えてまいりました。我々も
新しい働き方を見出していく必要もあり〔〕
さて、そんな環境変化の中、もっとも効果〔〕

コマ3:
いや、面白くしなくていいから。
件名：MSDN Subscription 購入の承認〔〕
そんなあなたにおすすめなのがコレ〔〕
あのMicrosoftの最新開発環境がたっ〔〕
AIがあなたを的確にサポート。ワンキー〔〕
利用者の感想「すごいよ！マイク。これ〔〕
※あくまで個人の感想です。

コマ4:
なんじゃ、結局直談判か？
だって、開発ツールですよ？これないと仕事できないです。
そう書いたらいいのに・・・。

046

ソウジャナイ実装

　ハルさん、今日は派遣社員であるハケンさんの実装に対してレビューをしているのですが、どうも思ったようには実装されていないようです。

 ハケンさん。このダイアログの実装、ちょっとおかしいのですけど。サイズを小さくすると、文字や入力フォームまで小さくなるのですが。

 え？ でも仕様書には「サイズ変更で各要素のバランスが崩れないように」と記載されていますから、これでいいはずです。

 でも文字まで小さくなっちゃうと、読めないし入力も難しいので。ダイアログ内部のコンポーネントサイズは変更しないでいただけますか？

 はあ。わかりました。

　そしてまた次の日。

 昨日のダイアログの件ですけど、確かにコンポーネントのサイズは変化しなくなったのですが、ダイアログ小さくしたらボタンが隠れて押せなくなっています。修正していただけますか？

 え？ でもバランスが崩れますよ？仕様書通りですが……。

 ごめんなさい。仕様書、書き直します。とはいえボタン押せないのは明らかに問題ですから……。

　どうもハルさんが想定したようには、実装が上がってきません。しかしハケンさんにしても、仕様書の通りに実装しただけですから困惑してしまいます。一見奇妙に見えても、それが仕様なら実装するだけです。

 仕様書の書き方がまずかったなあ。こんな小さいところまでレビューして指摘して修正しないといけないなんて。このレベルで何日もかけていたら、いつになっても終わらないよ……。

何だかその他の機能も、正しく実装者に伝わっていない予感がしてきました。下手をすると大幅な手戻りが発生する可能性があります。仕方ありません。ハルさん、改めて仕様書と実装に齟齬がないかすべて確認をすることにしました。

 自分のタスクは進まないし、やっぱりいくつか修正が必要だし。ああ、またプロジェクトの遅れが拡大する……キビシイなあ。

技術者は作文が苦手?

ソフトウェア技術者というのは文章を書くのが苦手です(筆者の偏見が含まれます)。中学高校とできるだけ国語や英語や古文漢文などから距離を置いていた方も多いでしょう(筆者の偏見が含まれます②)。何より、筆者自身がそうです。

筆者自身、会社に入ってからも、ろくに文章が書けないため、作った文章は毎度上司から直しを入れられては突っ返され、また直しては提出ということを繰り返している間に、いつしか自分も上司になり、部下の文章に対して指導をしないといけない立場になってしまいました。

ただ、どんなことでも繰り返していると何かが見えてくるもので、実は文章力の前に、まずロジカルシンキングができていないのではないか、と気づきました。これまで様々な方の文章を見てきましたが、結論や伝えたいことが正確に記述されていないケースはよく見られます。それは稟議書や出張報告書のようなケースだけではなく、ソフトウェア仕様書においてもそうです。

仕様書があまりにも不正確だと設計する人が誤解し、想定と異なる実装をしてしまいます。特に日本語はあいまいに記述ができる言語で、どうとでも取れるような書き方ができます。そのため、プログラムができ上がってから仕様の齟齬に気づき、びっくりすることもよくあります。特に外注する場合はベースとなる共通知識も薄いため、致命的な事態になりかねません。

 正直国語や英語が苦手だから技術者やっているのよね。何でこんなに文章で悩まないといけないんだ? といいつつコンピュータ言語で仕事しているのが悪い冗談のようだよ……。

あいまいな文章で記述された仕様書

　ということで、今回のエピソードにおける失敗は、アームチェッカーアプリの仕様書に、次のような「あいまいな文章」を記載してしまったことです。

　　「ダイアログは『サイズ変更グリップ』でウインドウサイズを変更できる。その際各要素のバランスが崩れないようにすること」

　何となく言わんとしていることはわかります。とりあえずは何か作れそうな気がしますよね。しかし、実際に作ろうと思うと、例えば「サイズ変更グリップ」はどこに配置するのか、そしてそれをどうやったらウインドウサイズの変更ができるのか、またウインドウサイズはどのサイズからどのサイズまで動かせるのか、制限はないのか、何よりバランスが崩れないとはどういうことなのか、といったことがこの文章からは伝わってきません。

　次の図がとりあえず作ってみたダイアログです。

図 ファイル名入力ダイアログ

　右下にサイズ変更グリップをつけてあります。OSのマナーに沿っている気がしますね。これをドラッグするとウインドウサイズが変更できます。右下のほう（拡大方向）にドラッグしたとき、「バランスが崩れない」ようにするにはどうしたらいいでしょうか。

　次のページの図で示すように、画像表示用であれば拡大ケース1のような形でよさそうですが、入力ボックスがあるなら拡大ケース2のほうがよい気もします。

図 拡大ケース1：すべて拡大する

図 拡大ケース2：外枠だけ大きくする

では逆にウインドウサイズを小さくするとどうでしょう。縮小ケース1のように全体を縮小するとバランスはよさそうですが、何を書いているのか見づらくなりますし、ボタンも小さいためCancelするつもりがSubmitしてしまうこともありそうです。一方、縮小ケース2のように枠だけ縮小するとボタン類が消えてしまって押せなくなっています。さすがにこれはNGです。

図 縮小ケース1：すべて縮小する

図 縮小ケース2：枠だけ縮小する

このように仕様書の文章から様々な実装が想定できてしまうのは、そもそも仕様書の書き方（「バランスが崩れない」とは？）に問題がありそうです。

あいまいさと戦う

この場合、次のように記載すると少しはましになるかもしれません。

「ダイアログはウインドウサイズをデフォルト値から変更できない（デフォルト値：Width 400px, Hight 300px）」

もうすっぱりサイズ変更をできなくしてしまいました。そもそも「何のためにサイズ変更が必要なのか？」に立ち戻って考えると、実はそんな機能はいらなかった、と気がついたということです。文章であいまいさを解決していないので、ちょっとずるいとお思いでしょうが、文章だけでロジカルに正しく他人に情報を伝えるのは非常に難しいということを理解してもらえればと思います。特に仕様書では文章によるミスコミュニケーションが致命的になることもあります。

それゆえ我々技術者にとっては、ロジカルな文章力を鍛え上げることはもちろん、そもそも**機能をシンプルにすることも重要**といえるでしょう。シンプルにすればするほど伝えなければならない要素も減りますから、設計ミスも減り、ソフトとしてもユーザーが理解しやすく使い勝手のよいものになります。また文章で伝わらないなら**簡単な絵を添える**のも効果的です。

まとめ

 失敗 ┆ あいまいな文章で仕様書を記載し、設計ミスが発生した

 回避策❶ ┆ よりシンプルで伝わりやすい仕様に見直す

 回避策❷ ┆ 簡単な絵を添えて、実装が明確になるようにする

09

ユーザーを迷わす「オレオレ表記」

自分のルールで表記を決める

複数のメンバーで開発しているとどうしても表記の揺らぎが出てきます。UI上のボタンの表記1つを取っても、ExitなのかCancelなのかDoneなのかOKなのか。こうしたソフトウェアに関する用語の揺らぎは、ユーザーを惑わし、操作の手を止めさせ、業務ストレスの基となる「不満の種」です。そのダイアログのボタンは、果たしてどれを押せばユーザーの望む結果が得られるのでしょう？

表記の揺らぎが重篤な不具合に繋がる

　アームチェッカーの開発もようやくα版までこぎつけたときの話です。プロジェクトは品質保証の部門に開発の早い段階から第三者評価をお願いすることにしました。もちろんこの時点では重要仕様に関わる機能しか実装できていませんが、気がついたところは遠慮なくリストアップしてもらうようにお願いしています。

 ねえねえ、このボタン押して大丈夫？ 警告アイコンついているダイアログなんだけど、OKボタンしかないよ。何か怖いんだけど……。

 押してダメなボタンなんてないっスよ。OKボタン押すと閉じるだけっスよ？

 でも警告が出ているから、OKじゃないわよ。こっちのエラーダイアログにはExitってボタンになっているし。これ押したらアプリ終わっちゃうの？

 いやいや、終わらないっス。Exitボタンでダイアログが閉じるだけっス。

 表記が異なるのに何でどっちもダイアログ閉じるのよ！ 閉じるならCloseじゃないの？ しかも警告とかエラー出ているじゃない。ほんとに閉じていいの？

 いやそこはハケンさんとシンジンさんとで手分けしたところで……（もうこのぐらいどっちでもいいんじゃない？ わかるっしょ）

　コーハイさん、そんな小さいところどうでもいいだろうと、このときの指摘を放置していました。ところがこの後、最終リリース前というタイミングで、この文言が重篤な不具合の指摘を受けてしまいました。

 表記の揺らぎで、ユーザーは操作ミスを起こしやすく、重要なデータ損失に繋がる可能性もあり、リリースは承認できないと言われたよ。全面的に用語のチェックだ。これは思ったより厳しいぞ……。

　何しろ表記は日本語だけではありません。各国の用語に翻訳し、それぞれが正しいかどうか、改めてチェックする必要もあります。また用語が変わるのであれば取説類も作り直しです。取説に記載したスクリーンショットも全部取り直しになります。と

ても1日2日でできる作業ではありませんし、印刷した取説は廃棄することになりますから金額的にも大きな損失です。ああ、最初から用語の使い方を決めていたら……。

表記の揺らぎはユーザーを惑わせる

　複数の技術者が作業をしていると、どうしても表記の揺らぎが出てきますよね。意味が通じれば少々揺らいでも……と思う気持ちもわかりますが、特にUI上での表記の揺らぎは、使用者を困惑させ、操作ミスを誘発することで重篤な不具合を招き、業務に大きな問題を招くこともあります。

　現にダイアログのボタンに関しては、押すといったい何が始まるのか全くわからないものがあります。少し例を挙げてみましょう。次の図は筆者が実際に出会って困惑したダイアログを再現したものです。

図　Exit と Done

　まずExitとDoneがあるものです。どちらのボタンを押してもダイアログが閉じる気がするのですが、どういう状態でダイアログが閉じるのか、いまひとつ確信が持てません。おそらくExitのほうはダイアログで設定した状態をなかったことにして閉じる（今チェックしたMeasurement ModeはOFFになる）。Doneのほうは設定した状態を反映して閉じる（今チェックしたMeasurement ModeはONになる）ということだろうと予想されます。しかし、仮に「いやこのソフトでは逆ですよ」といわれても「明確にそれはおかしい！」と反論するほどでもないでしょう。つまりこの表記では、ユーザーはどちらのボタンを押すと、どのような結果になるのか明確に判断ができません。

　また「OK」という表記もよく見ます。前述の例でDoneの代わりにOKとボタンに書

かれていた場合、クリックすると何が起こるのでしょうか。おそらく、「このダイアログの状態でOKです。チェックされた項目を反映してね」ということだと思うのですが、単に現在の設定を見せたかっただけで、クリックしてもチェック内容は反映されないかもしれません。

　ユーザーに間違いが少なくなるよう単語を選ぶなら、例えばダイアログを開いたときの状態に戻して閉じるのはCancel、ダイアログで設定した変更を反映したいならSubmit、が望ましいでしょう。

　次の例は「次」です。なぜか次へ（Next）が左にあります。こうしたUIの位置の違いも、ある意味表記の揺らぎの1つです。

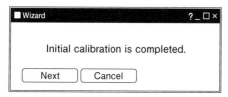

図 左にあるNext

　PCの世界では右に行くほど未来、左が過去という習わしになっていますので、次の画面に遷移したい場合、ユーザーは無意識に右側にあるボタンをクリックしてしまいます。この例ではCancelボタンが右にあるので、まだ被害は少ないかもしれません。しかし、例えばDeleteのようなボタンが右にあったらどうでしょう。それこそ大事なデータを損失してしまう、重篤な不具合に繋がります。

　また、意外に多いのが何もボタンがない例です。表記がないのに表記の揺らぎとは？と思うかもしれませんが、他では表記があるのにとある場面だけなぜか表記がない、というのも表記の揺らぎの1つです。

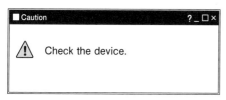

図 ボタンがない

おそらく、右上の×を押して閉じるのか、ダイアログ外をクリックしたら閉じるのだろうと推測できますが、この例のようにCautionマークがついていると、ちょっと戸惑いますよね。この後、どのように操作したらよいか困惑してしまいます。この場合は、もう少し次のアクションがわかる文章を記載するとか、ワーニングに対するヘルプボタンをつけるとか、せめてダイアログを閉じるCloseボタンぐらいつけてあげてもよいかもしれません。

 こんな実装は普通しないよね……ここまで全部指示しないといけないのかなあ。でも常識っていうのは人によって違うし、確かに指示がなければ、できるだけ楽な方法で実装するのもわかるしなあ。

ちょっとしたストレスがソフトの評価を大きく下げる

　これらの例はとっても小さい話ではあるのですが、こういった細かいところがきちんとできているかどうかでソフトウェアの使いやすさは左右されます。人間ほんのちょっとしたことでも自分の思うようにならないと、ついイラっとしてしまうもの。それはソフトウェアのユーザーも同様です。

　今回の失敗ポイントは用語とその使い方を規定しなかったことです。用語を実装者任せにしたために、表記に揺らぎが出て、その結果ユーザーを迷わすソフトになったのです。

　ソフトウェア全体を通して用語が統一されている、誤解を生まないようなボタンの表記になっている、常にCancelボタンがあって操作前の状態に戻れるなど、操作に迷いがないように些細なことがしっかりと考えられたソフトウェアは、安心して使うことができます。

用語集を整備する

　まず、用語集を整備することが肝心です。このソフトを通じて使う用語はこれと決めましょう。そしてその画面で何をユーザーに促すのか、よく考えて用語を用いましょう。この用語集、実はそのドメインを表す知識となります。一般的な用語でもこのドメインではこう使う、また特殊な用語であってもほかの言葉では言い表せないため、あえて使う。そういった知識が積み重なった重要なデータベースなのです。

　用語集はソフトを作るときだけではなく、ドキュメント類を作ったり翻訳するとき

にも役立ちますし、チーム全員のドメイン知識を底上げするための教育にも使えます。用語集は社内Wikiを使って、誰でも閲覧編集できるようにするといいでしょう。

ユーザビリティを点検する

また実装する前にプロトタイプ（手書きのUIモックみたいなものでOKです）を作り、デザイナーの方や、品質保証の方と一緒にユーザビリティの点検を行うことが効果的です。ドメイン知識が少なく、一般のユーザー視点で評価していただける方は特に重要です。作る側の「当たり前」が実は当たり前ではなく、ただユーザーに戸惑いを与えるような、わけのわからないUIになっているかもしれません。ぜひ早めに協力いただくようにしましょう。

こうしてユーザビリティに関して検討した結果を、UI仕様としてまとめておけば、使用性に関する問題が減ると共に、再利用によってソフトウェア間の統一性も取ることができます。

まとめ

失敗 ：用語を統一せず実装者に任せたため、使いにくいソフトになった

回避策❶ ：用語集を作る

回避策❷ ：デザイン、品質保証の部署とユーザビリティの点検を行い、UI仕様としてまとめる

Episode

10

知らんけど「知ったかぶり技術」

一般的な技術なら課題はないと錯覚する

会社期待の新製品。推しの機能が満載で経営者も販売もワクワクです。とはいえ新しい機能には新しい技術が必要です。一般的には製品開発前に、新規技術の実現可能性を見る期間を設けます。しかし、いまだ世の中にない技術のみを新規技術として捉え、そこだけ実現可能性を検討すればよいわけではありません。ごく一般的な技術でも、自分たちにとって初めての技術は多くの課題を抱えているのです。

技術を侮ってしまう

　アームチェッカーはα版検証の結果、何とか重要仕様（アーム1本につき計測開始から調整完了まで5sec以内）が達成できることを確認できました。これで大きな技術課題はクリアしたと思っていたのですが……。

 最新の評価版で無線LANに対応したって書いているけど、繋がらないわよ？本当に実装しているの？

 しましたけど……。うちでは動いてるっスよ。

 これ実験用に立てたローカルのルーターに繋いでいるじゃないの。会社の無線LANに繋がらないのよ。

 え？あれ。本当だ。ん？WPA2-Enterprise って何だ？

　ロボチェック社ではセキュリティ強化のため、社内の無線LANは「WPA2-Enterprise」を採用しているようですが、残念ながらアームチェッカーで利用している無線LAN用ライブラリでは、これに対応できないようです。

　今からWPA2-Enterprise対応を進めるなら、使用しているライブラリから見直さなければなりません。そうなると現在のライブラリを使っている他の機能にも影響があり、大きな手戻りが発生します。何だか大変なことになってきました。急いで販売や企画のメンバーとも相談し、工場ではWPA2-Personalで十分だろうと、WPA2-Enterpriseを仕様から落とすことに決めました。これで一安心かと思いきや、さらにTLS通信で問題が発生です。

 ちょっと通信遅すぎ！　まず接続するのに1分近くかかっているし、データ1000件送るのに1時間以上かかるんだけど。待ってられない！

 ええ！　本当だ。実装時には数件送るテストしかしてなかったから気づかなかったっス……。

　どうも暗号化の処理で時間がかかっているようです。測定デバイスで使用しているCPUの能力の限界で、これ以上はどうしても速度が出ません。このままではせっかく

5sec以内に計測・調整が完了しても、通信速度がネックとなって検査時間に影響が出てしまいます。重要仕様が達成できていても生産性が上がらなければ意味がありません。まさかの大ピンチです！

//

実現可能性が確かめられた技術で製品化する

　ソフトウェアに限らず、製品を作る際には必ず新しい技術が必要です。新規機能がなく、過去の資産を現代によみがえらせるような場合であっても、現代の環境に合わせた新しい土台の上に作ることになるでしょう。何かしら新しい要素というものはあるものです。そこで実際の開発に入る前には、それら新規技術の実現可能性を見る期間が設けられます。

　そもそも実現ができない、あるいは現実的に実現が厳しい技術は、製品開発に投入するわけにはいきません。ものづくりの最中に、やっぱりできませんとなったら、それまでの投資が全部水の泡です。製品は実現できる技術で作るものです。

　研究開発部門は、こういった実現のめどが立っていない先端の技術を先んじて検討し、製品に投入できるよう咀嚼しておく（製品化できる形で技術を資産化しておく）ことがミッションです。とはいえ製品化のために欲しい技術すべてが資産化されているとは限りませんし、同様の研究開発部門を持つことが難しい中小企業もあるでしょう。したがって多くの場合、製品開発の部門が製品開発に入る前に、新規技術の実現可能性を検討するフェーズを用意します。

新規技術とは何か

　今回「アームチェッカー」では計測データを基に調整パラメータを高速に作る機能で新規技術を必要とします。実現可能性検討の期間を使って、みんなで頭を寄せ合いアルゴリズムから検討することになるでしょう。何しろ企画書に「これは新規技術」と書いていますから。

　では、ほかに新規技術が必要な機能はないのでしょうか。よくよく見ると、企画書にこっそりと「測定デバイスは無線LANに対応」と書いてあります。世の中では当た

り前の機能で、家庭でも使われている無線LANですが、実際にロボチェック社の開発組織ではこれまで製品化した実績はありません。え、ミドルウェアが無線LANに対応しているから大丈夫って？

そうです。ここが失敗のポイントです。世の中から見たら枯れた技術であっても、**自社で取り組んだことがなければそれは新規技術**なのです。

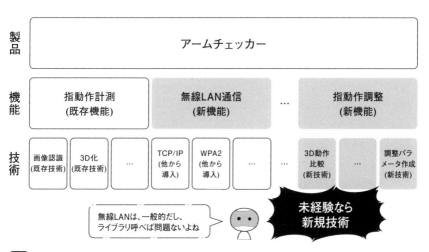

図 取り組んだことがなければ新規技術

課題は隠れている

確かに、市販のミドルウェアを利用すれば簡単に作れそうに思えます。しかし、実際には、様々な顧客環境における課題をクリアする必要があります。

- 社内ではWPA2-Enterpriseしか使えない。どうやって測定デバイスに顧客の証明書をインストールするのか。証明書の期限が切れたらどうするのか、運用設計も必要（多様な顧客環境、システムのスコープが狭い）

- ファームウェア上での暗号化が遅すぎて、通信速度が出ない（検討不足、ハード選択ミス）

- DHCPサーバがなぜか2台立ち上がっていて、IP取得できない（多様な顧客環境）

- そばに Bluetooth 機器があって干渉する。5GHz が使えないチップを選択してしまった（多様な顧客環境、ハード選択ミス）
- 輻輳が発生して顧客の LAN をストップさせてしまう（プロトコル設計ミス）
- 各国で機器に対して無線に関する認証を取らないといけないが、日程に入っていない（製品化に必要なことがわかっていない）
- ミドルウェアにバグがあって落ちる（ミドルウェア選択ミス）
- そもそも工場のラインでは無線 LAN が使えない（調査漏れ）

　はじめに、通信できるところまでは非常にスムーズに開発は進みます。何しろミドルウェアが何とかしてくれますから。しかし、実際にテストやユーザーのデモが始まると、とたんにユニークな課題が湯水のように出てきます。

 いやだって無線 LAN って今や普通の技術ですよ。まさかこんなに問題が出るなんて。一部の顧客環境でしか動かないなら、もう仕様から落としたほうが……。

　これらの課題が開発の後期に出てきたら、もう最悪です。納期遅れは確実、解決しない場合には改めてハードの見直しや、機能自体をあきらめるといった事態に発展します。でき上がったハードを見直すなんて、最初から作り直しもいいところです。これまでの苦労が全部パーです。
　作り直しで数か月遅れるというケースは実際にあります。半年前に「いやーいける、大丈夫、ほら動いているから」と言っていた自分が恨めしい。なぜもっと開発に入る前にいろいろな条件で実験しなかったのか……。

動かしてみるしかない

こういった課題はミドルウェアのスペック表を見ただけでわかるものではありません。実際に動かしてみないとわかりません。製品開発に入る前に、**自分たちが初めて取り組む機能や技術はすべてリストアップし、実現可能かどうかを点検する**ことが必要です。

機能が動作するプロトタイプを作って、試してみるといいでしょう。実際に機能が動くかどうかだけではなく、パフォーマンスなどの非機能要件についても実機で調査することが重要です。

無線LANのようにハードが絡む場合は、プロトタイプ1台だけの検証では心配です。いくつかサンプルを取り寄せて実験してみると、なぜか1個だけパフォーマンスが出ないなんてこともあります。例えば10個のうち1個問題が出るなら、10%も問題が出るということですから、もしかしたらそこに大問題が潜んでいるかもしれません。

製品の仕様を固める際には、新規機能や新規技術をリストアップし、それらの実現可能性に対して楽観視せず、実験で確認することをおすすめします。実現可能性の検証にかかる十分な期間を計画に盛り込みましょう。

まとめ

失敗 ： 機能の実現可能性を楽観視し、後工程で課題発生による遅れが出た

回避策 ： 製品化初の機能や技術は、実現可能性を検証する

Episode 11

カタログだけで判断する「スペック厨導入」

使ったことのないコンポーネントからは絶対に問題が出る

前のエピソードで「技術を確かめずに使う」という失敗をご紹介しました。今回は「コンポーネントを味見せずに採用する」失敗です。ソフトウェアは再利用可能なコンポーネントを導入するだけで誰でも簡単に新しい技術を導入することができるのですが、テストもせずに、カタログスペックだけでそれらの導入を決めると痛い目にあいます。コンポーネントへの強い依存が、作り直しすら阻むのです。

売っているソフトなら問題ない ……わけでもない

失敗や手戻りがあったものの、測定デバイスの基本動作については、何とかめどが立ってきました。遅ればせながらコーハイさんはGUIの設計を開始しました。測定値の表示やグラフ表示には、難易度の高い複雑な設計が必要なため油断はできないのですが、コーハイさんには何か秘策があるようです。

 コーハイさん、何かGUI関連の設計時間がほとんど計画に入っていないんですけど大丈夫ですか？

 大丈夫！ 実はちょうどいいコンポーネントを見つけてあってさ。ほとんど実装しなくても、画面に貼り付けるだけでできそうだよ。

 それならいいんですけど、前回の無線LANの話もあるので……。

 いやさすがに今回は大丈夫。無線LANは知識が足りてなかったけど、今回はGUIだし、ライブラリにデータを渡すだけだから問題ないよ。

ではやって見せましょうとばかりに、コーハイさんは早速データ表示機能とグラフ表示機能を作成し、念のため動作を品質保証部署のヒンシツさんに確認してもらうことにしました。

 ちゃんと表示機能ができているけど、めちゃめちゃ動作が遅いんだけど。1000件のデータ表示に1分、1万件だとなぜか30分以上かかるわよ？ これでいいの？ 正直表示するたびに30分は待てないんだけど。

 えぇぇ！ そんなはずは（しまった……データ10件でしか確認していなかったああああ）

表示速度が遅い原因を調べてはみたものの、何しろデータをライブラリに渡しているだけなので、どう考えてもライブラリに原因がありそうです。逆に言うと、呼び出し側では何もしていないので何の改善もできません。

ライブラリのメーカーに問い合わせても、現在はそういうパフォーマンスです、仕様です、の一点張り。速度改善の予定も返答はできないと。まずい、まずいっスこれ！

　まさかの大ピンチです。早めにヒンシツさんに見てもらったのが不幸中の幸い。もしこれが最終評価に入ってから発覚したら、大変な手戻りになったことでしょう。ライブラリの差し替えで1か月や2か月すぐに吹っ飛んでいるところでした。とにかく急いで別のデータ表示ライブラリを探すしかありません。

ソフトはコンポーネントの組み合わせ

　昨今、ソフトウェアをゼロからフルスクラッチするなんてことはありません。あそこのアレとそこのナニを組み合わせて、どこそこのプラットフォーム上に作るという塩梅で、既存のコンポーネントを組み合わせて効率的な開発が行われます。

　ソフトウェアを開発する際には、まずどのような開発環境でどのコンポーネントを使うのかを考えます。この工程を間違えてしまうと、それこそ最初からやり直しです。

　場合によってはビジネス上の理由から、方針を見直さざるを得ないこともあります。「ミドルウェアのライセンスが変わった！？ PCアプリなのに、ハードをコントロールしたらデバイスごとにライセンスフィーが必要になるの？ ライセンスフィー払ったら赤字じゃん！」ということで、別プラットフォームを検討しないといけなくなるようなケースもあるでしょう。

　どのコンポーネントやプラットフォームを選ぶかは、ビジネスの根幹に関わる重大な案件ですが、今回はそこまでビジネス寄りの話ではなく、シンプルに技術の問題です。

実使用の条件で味見している?

　いきなり結論ですが、コンポーネントについても、**初めて使うものは実使用に沿ったテスト**をして導入を決めましょう。初めて使うコンポーネントは、それすなわち初

めて使う技術と考えるべきなのです。

　コーハイさんも味見をせずに、カタログ情報だけでコンポーネントを導入する「スペック厨導入」をして、アームチェッカープロジェクトに大きな課題を呼び込んでしまいました。新規コンポーネントを導入する際には、例えば次のような失敗が待ち受けています。

① フリーのライブラリを拾ってきて導入したが、OSのバージョンアップで動かなくなった。今後アップデートの予定もない

② グラフ作成のライブラリを購入したが、データが多くなるほど極端に描画が遅くなり、実使用に耐えない

③ ファイル操作のミドルウェアを購入したが、ある条件でメモリが壊れる

④ メモリ周りのミドルウェアを購入したが、1万回に1回の割合でビットが欠ける

 いやまさか購入したライブラリでそんな不具合が出るなんて、思いもよらなかったっス。しかも開発元はいつ対応してくれるのかわからないし。自分では何ともできないのが、もう不安しかないっスよ……。

　①の場合は開発者に連絡を取ってお願いするか、自分で何とかするしかありません。OSS（オープンソースソフトウェア）に関しては、自分で対処する気概や技術や時間がないなら、商用ライブラリを検討したほうがよいでしょう。

　②や③もよくあります。味見をするときにはできるだけ実使用と同じ条件で使ってみることが大事です。10個ぐらいのデータでグラフを書かせてみると全く問題がないのに、1000個のデータを渡すと10分かかる……なんてこともあります。想定外のコンポーネントの使い方をしている可能性もあるので、とにかく製品仕様で定められた実ケースに近いテストを実施してみることが大事です。

　そして、④が最もつらい戦いになります。ミドルウェアの問題ではなくてハードの問題や、使い方が間違っているケースもあり、原因が見つけづらいのです。1週間ぐらいは連続で動かしてみて動作を確認するとか、1万ファイル扱う必要があるなら、10万ファイル作ってみるとか。ちょっとやりすぎと思うぐらいに負荷をかけて確認しましょう。

コンポーネント問題は解決が困難

　一度導入したコンポーネントで問題が発生すると、その対処には多くの時間と労力がかかります。そもそもバイナリだけではどこが悪いのか明確に特定できません。解決のためにその問題が再現できるシンプルなコードを作成して、開発元か販売代理店に解析依頼をするしかありません。しかし、これも対応してくれるかどうかは相手次第です。解析依頼を出したものの、いつまでたってもなしのつぶてだったり、不具合は認めるものの、修正はいつになるかわからなかったり、対処できなくなることが多々あります。

　コンポーネントの修正がいつになるのかわからない状況では、それを使っている製品の完成も見通しが立ちません。かといって、今更ほかのコンポーネントに変えるわけにもいかなければ、一から作り直すような予算や時間の余裕もない、ということもあるでしょう。

　これは筆者自身の経験なのですが、上長を引き連れて、問題を起こした（と思われる）コンポーネントの国内代理店（海外の製品でした）に修正の直談判をしたことがあります。先方からは「一社だけ特別対応はできないし、これ以上のサポートもできない。仮に開発元が不具合を認めても、その対策をいつのバージョンアップに盛り込むのか、代理店としては約束ができない」というような回答で、どうにもなりませんでした。いくら詰め寄っても不具合が直らなければ意味がありません。結局、敗北感にうなだれつつ手ぶらで帰路につくこととなったのです。

最後の手段、ソースコード

　そんなときには最後の手段、ソースコードです。最悪ソースコードがあれば少なくとも問題がどこで発生しているのかがわかります。自分で直接直すことができますし、原因がわかれば、何らかの対症療法を思いつくかもしれません。先の直談判したケースも、結局メーカーからソースコードを購入し、自分たちで直すことができました（ほら、やっぱり不具合だったじゃん！）。

　ただし、ソースコードに手を入れると「メーカーサポート外」となるケースがあるので要注意です。のちに他の不具合が出ても「いやーもうそっちが勝手に書き換えたので、我々は知らん話ですハイ」と言われて終わりです。

　とはいえ、コンポーネントを選ぶ際には最悪のケースを考えてソースコードが入手できるかどうかを確かめてみてください。

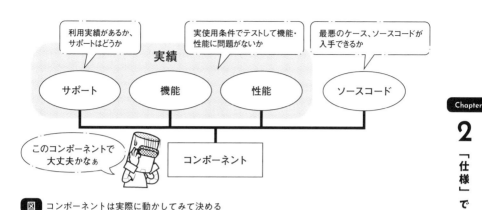

実績

| サポート | 機能 | 性能 | ソースコード |

利用実績があるか、サポートはどうか

実使用条件でテストして機能・性能に問題がないか

最悪のケース、ソースコードが入手できるか

このコンポーネントで大丈夫かなぁ

コンポーネント

図 コンポーネントは実際に動かしてみて決める

まとめ

失敗 テストせずにカタログスペックだけでコンポーネントの導入を決め、後々不具合が改修できなくなった

回避策❶ できるだけ枯れた、実績のあるコンポーネントを選ぶ

回避策❷ サポートの手厚い業者を選ぶ

回避策❸ ソースコードが入手できるものを選ぶ（最悪自分で何とかする）

12

行間を読ませる「文学的仕様書」

仕様書にすべてを記載することはできない

仕様も固まり、利用するプラットフォームやコンポーネントも決まり、作るものがより明確になってきました。後は決めたことをしっかり仕様書にしたため、設計に入る……というところなのですが、仕様をすべて文章として書き下すのは非常に大変です。どうしても当たり前の部分は記載を省くことになりますが、人や文化によってこの「当たり前」は異なるため、様々なトラブルを呼び込みます。

業務委託で当たり前は通じない

　アームチェッカーのPCアプリケーションは社外のベンダーに業務を委託して進めています。仕様はすべてロボチェック社内で作成し、設計・実装はロボゴーシステムズ社に依頼しています。ちょうど先ほど、外注先のロボゴーシステムズから成果物の納品があり、シンジンさんが内容をチェックしていたのですが……。

 これおかしくないですか？ 複数のデータファイルを選んでアプリにドラッグ＆ドロップしても、1つしか開かないです。

 むむ、確かに。不具合として指摘しましょう。でも仕様書には……うーん、複数ファイルのドラッグ＆ドロップ動作については記載がないなあ。この不具合を先方のミスと言い切るのも厳しいかなあ。

 これはどうですか？ 測定デバイスを接続していないと、データが表示されないのですけど。

 それも困るなあ。測定デバイスに繋がっていないPCでもデータは確認したいよ。とはいえこれも仕様書に記載はない……。

 あとそれから……。

　動作を細かくチェックしていくと、次々と想定と異なるところが見つかってきました。数えてみると想定の倍以上の不具合が発生しています。

　不具合件数が倍以上、ということは今後の修正日程も倍以上かかることを示しています。そうなると明らかにリリースには間に合いません。しかもその不具合の半分は仕様書に記載がないか、仕様書の記載があいまいな箇所で、委託先の問題とも言い切れません。つまり仕様が不明確な部分については「ロボチェック社からの仕様変更」扱いとなり、追加費用が発生する可能性があります。

 どうしよう。日程遅れも厳しいけど、追加費用なんてないよ。費用はカチョーさんと相談して、何とか確保してもらうとして……、ロボゴーシステムズさんとは今後の進め方を調整だなあ。日程前倒しでお願いとなると先方の人員も追加になるから、さらに費用がかかるのかなあ。

次々と課題が押し寄せます。とにかく日程を守れる作戦をカチョーさんやロボゴーシステムズさんと相談です。いったいどうしてこんなことになったのか。

//

外注は難しい

ソフトウェアの規模はどんどん大きくなっており、プロパー社員だけで作り上げることは難しくなってきました。もちろんアジャイル手法のように、少人数で小さく作って順次顧客に価値を提供していくやり方はあるのですが、ソフトウェアの性格によっては、それなりに機能がそろわないと販売は難しい、という場合もあります（ゲーム開発など）。そこで、ソフトウェア開発の一部を社外の業者に委託する（外注する）ということになります。今回のアームチェッカーに関しても、PC上のアプリケーションは外注することにしました。

実はソフトウェアの外注には様々な失敗が待ち受けており、1つのエピソードではすべてを語り尽くせません。今回は数多い外注委託失敗の中でも最も遭遇確率の高い「仕様は理解されていない」という失敗をご紹介します。

世界は暗黙知で動いている

ソフトウェア開発はコミュニケーションが重要です。そして外注委託先とのコミュニケーションにおいて最も核となるものが仕様書です。業務委託の内容そのものですから、重要極まりありません。

ただし、ソフトウェアの仕様をすべて仕様書にしたためるというのは現実的に不可能です。何もかも正確に記載しようとすると膨大な時間や労力がかかる上に、その膨大な仕様書を読み込むほうも膨大な時間や労力を要するでしょう。したがってどうしても当たり前の部分は記載を省き、多かれ少なかれ作者の思いを行間から読んでもらう「文学的仕様書」になってしまいます。

「当たり前動作」は当たり前ではない

これが同じ社員同士、同じチームで働く者同士であれば、記載をある程度省いても、

何となく、どのように作ったらいいのかわかるものです。これは暗黙知というもので、一緒に同じ仕事に従事することによって、お互いが共通に持つ明文化されていない知識が生まれます。

　例えば、アームチェッカーアプリの仕様書に「エクスプローラーからデータファイルをドラッグ＆ドロップしたら、そのファイルを開くことができる」と書かれていたとしましょう。これがコーハイさんやシンジンさんなど、同じ会社、同じプロジェクトチームのメンバーであれば「複数ファイルをドラッグ＆ドロップしたら、そのドロップされた複数ファイルすべてが開く」と理解できることでしょう。それが共通の体験を持つことで培った「暗黙知」というものです。しかし、社外の委託先の立場に立ってみると、この記載だけでは何が正解かわかりません。

- ドロップされたすべてのファイルが開く

- エラーにする（複数のファイルは扱えない）

- 先頭ファイルだけ開く（何が先頭？）

- どうするか聞いてくる（ダイアログでユーザーに確認）

- 何も起こらない（無言）

　どの選択肢を選ぶかは、委託先の企業的文化や価値観における常識次第なのです。特に海外に委託する場合は、国内と全く異なる文化を持っていますから、思わぬところで齟齬が発生します。筆者は、実際に国外の外注先から「先頭ファイルだけ開く」実装で納品された経験があります。

　これが今回の失敗です。**仕様書に書いていない「当たり前動作」が当たり前ではない**ということを理解していなかったので、想定外の実装でアプリケーションが納品されてしまいました。しっかりと仕様書に書き込んだつもりでも、自分たちにとってはあまりにも当たり前すぎて、無意識のうちに省いた記載が多々あります。納品されてから「どうしてこうなった？？？」となることも少なくないでしょう。

 そりゃあ仕様書に書いてないほうが悪いのだけど、そんなところまで書く時間ないよ。というか、何でわからなかったら聞いてくれないのよー。

仕様は正確に伝わっていないことを理解する

　外注委託先と委託元との間では「**仕様は正確に伝わってはいない**」と思うことが大事です。これは別に委託先が悪いわけではありませんし、委託元がサボっているわけでもありません。どうやっても伝わらないことはあるもので、それが当たり前なのです。そう思って業務を進めることで、お互い早めに問題に気がつきます。

　仕様書を委託先に渡したらあとはお任せ、では必ず齟齬が発生します。仕様書の行間を伝えることが大事です。仕様書に記載していないことは顔を合わせて仕様の説明を行うことも効果的でしょう。機能の説明だけではなく、なぜその機能が必要なのか説明をすることで、多くの勘違いを防げます。委託先側も不明なところがあったら委託元に素直に聞くことが大事です。そういった**丁寧なコミュニケーションでしか解決できない**ことがたくさんあります。

お互いの理解を確認する

　齟齬や誤解は無意識のうちに発生するため、委託先では気がつかないことがあります。面倒でも委託先に簡単な設計書を作ってもらうとか、手書きのモックアップを作ってもらうなど、できるだけ早めに仕様書の理解を確かめられる工夫をしましょう。また設計や実装に入ってからは実装できた部分を早めに確認しましょう。短く期間を区切って、イテレーティブな納品計画を立て、実装に間違いがないか確かめながら進めるとよいでしょう。

　これは委託先との間に限った話ではなく、開発と販売との間にも齟齬は発生します。開発中できるだけ早期に、ステークホルダー間で動作の確認することが、これらの齟齬に対するリスクヘッジになります。

　異なる会社、異なる組織同士、まだ十分にわかり合えていないかもしれない。だからこれからしっかりお互いを知っていこう……という、友情漫画のような心持ちが、成功の秘訣です。

　お互いの理解や信頼は一日にして築くことはできません。小さく業務を回し、成功体験を共有して、少しずつ信頼関係を構築していきましょう。

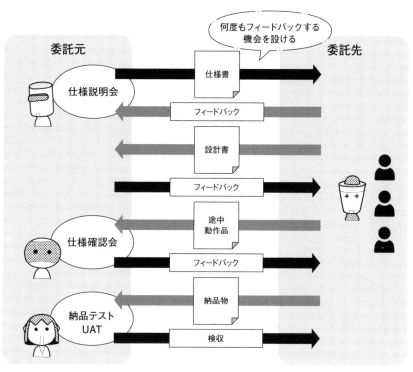

何度もフィードバックする
機会を設ける

委託元　　　　　　　　　　　　　　　　　　委託先

仕様説明会　　　　　　　仕様書

フィードバック

設計書

フィードバック

仕様確認会　　　　途中動作品

フィードバック

納品テスト
UAT　　　　　　納品物

検収

図 丁寧なコミュニケーション

まとめ

失敗　仕様書だけを委託先に渡し、期待と異なるものが納品された

回避策　「仕様は正確に伝わっていない」前提を持ち、コミュニケーションの機会を増やす

Episode

13

ゴールがあいまいな「おまかせ委託」

受委託間で成果物の理解に齟齬がある

プロジェクトに割り込んで重要顧客から急なカスタマイズ委託が発生。厳しい日程のため休日も返上で戦い続け……。

I stepずつ見るしか…

なんで

カタ

カタ

社内で厳しく品質を評価し、そのうえで日程優先で割り切る項目も調整をし、

ダメでしょ!!これは!

そこをなんとか

そしてついに

あの……納品先から、

リリース！

ねれる!!

やった

先方の受け入れ検査で、以前からある既知の不具合指摘が30件ありました。これを修正しないと支払いはできませんとのこと……。

知らんがな。

ソフトウェア開発業務を受委託する場合、どの状態になったら納品OKとするのか、委託完了条件の齟齬が大きな問題になることがあります。「まだまだバグが残っているけどこれで納品なの？」とか、逆に受託側から「契約時にそんな機能がいるなんて言わなかったですよね？」といった悲鳴が上がるケースはよくあります。これらは委託のゴール設定があいまいなために発生するのですが……。

何を委託しました？

　外注をしていたアームチェッカー用アプリは、納品されてみると大量の不具合が見つかりました。仕様書に記載がない、あるいは仕様があいまいな機能で不具合が多く出ていたのですが、一方きちんと仕様書に記載されているにもかかわらず、期待通りに動作をしない不具合もあります。

 ハルさん。この散布図確かに仕様書通り、ロットごとに色分けできるんですが、色が微妙すぎてわからないんですよね。

 ほんとだなあ。このレッドとイエロー、どっちもオレンジに見える。違うっちゃ違うんだけどなあ。修正してもらおうか。

 あと、測定後にデータを転送するとなっているのですが、なぜか測定前にデータが送られてきます。測定したデータが欲しいので、測定後でないと意味がないのに。これも仕様書には測定後と記載されているんですけど、測定指示後、つまり測定コマンドの発行後すぐ、測定完了を待たずにデータを取得しているようなんです……。

 ええ！？ つまり1つ前の測定データが送られてくるのね。うーん確かにわかりにくいかもしれないけど、そんなことってある？

　何だか意外なところにミスが頻発しています。一応仕様書にはきちんと記載があるのですが、どうも一つ一つの動作の結果に対して誤解があるようです。
　改めてアプリ全体で期待の動作ができているのかどうかを点検すると、さらに追加でいくつか不具合が出てきました。これでまた想定外の不具合が増え、さらなる遅延が確定です。
　しかしこれらの不具合については、どちらが悪いとも言い切れません。委託元としてはちゃんと仕様書に記載して依頼したつもりだし、委託先も、仕様書を見て理解した上で設計と実装を進めていますから。ただ委託元の期待と、委託先の理解に齟齬があることを、納品まで気がつかなかっただけなのです。
　これは想像以上に解決が困難な問題です。データの取得に関しては、測定動作フローの根本から齟齬があるため、もしかすると根深いところまで修正しなくてはならないかもしれません。測定デバイスのほうにも追加機能が必要になる可能性もありま

す。これから果たしてどれだけの遅延に繋がるのか。ハルさん、またしても嫌な汗が出てきました。

//

期待通りではない納品物

　ソフトウェア開発委託は、委託側・受託側どちらも大変です。潤沢な予算や優れた人材が関わるであろう、政府系のアプリや銀行系サービスでも様々な問題が出てしまうことがありますが、これも業務委託の難しさを物語っているような気がします。

　ソフトウェア開発の受委託では、想定以上に様々な事件が起きます。筆者の経験でも、業者に委託をして、納品されたソフトに、ほぼ何の機能も実現されていなかったということがあります。「そのソフトなら得意ですから、ぜひ弊社に任せてください！」とか言っていたのに。

　今回の事例でも、アームチェッカーアプリのいたるところで機能が動作していないことが発覚しました。いやいや今まで何をしていたの？ というぐらい見事にどの機能もおかしいのです。いったいどうしてそんなことが起こるのでしょうか。

- 委託する側の提示した要求仕様があいまいだった
- 受託側に仕様の理解不足があった
- 委託する側の検収条件が未定義だった（成果物のゴールがない）
- 受託側のテストが不十分だった（機能を作っただけ）
- 進捗確認をしていなかった（双方のコミュニケーション不足）
- 委託側の予算不足だった（そもそもそんな金額ではできなかった）
- 受託側のスキル不足だった（そもそも受けるべきではなかった）

　委託する側も受託する側も一生懸命頑張っているのですが、こうしたいくつもの理由で悲しい結末を迎えてしまいます。特に悩ましいのは**委託する側が自分で自分の要求を正しく理解していない**場合です。自分で委託しているのに何ができたらOKなのかわかっていない。実はでき上がったものを見ないと、委託側もOKかどうか判断が

できない、というのが最も不幸なケースです。

 いやまさかこんなに動作の誤解があるなんて。やっぱり仕様書だけ渡してそのまま、というのがまずかったなあ。こちらとしても動くアプリを見て初めて気づいたところもあるし、何が正解か十分検討できていなかったのかも。

委託は適当にお願いするものではない

「何というか、こうバーっと派手な感じで作ってくれたまえよ」「は。承知仕りました」といったように、雰囲気で委託を開始してはいけません。受託側が何とか頭をひねって派手なアプリを作っても、委託側から「え？ そんなの頼みましたっけ？ 何でお願いしたもの作ってこないの？ それじゃお金払えないよ？」と言われてやり直しです。ここが失敗のポイントです。**ゴールがあいまいなまま委託を開始すると、お互いが不幸**になります。

ドキュメントで契約する

当たり前ですが、委託業務は、事前にしっかり仕様書を作ってお互いに理解した上で、スタートしなければいけません。

ただし、しっかり要求仕様書や要件定義書を作っても、やっぱり納品物の仕様に誤解があったり、品質に齟齬が出たりします。前エピソードで紹介した「文学的仕様書」の問題もありますし、特に異常系と呼ばれる「通常とは異なる状況でのふるまい」に関しては、仕様書にも明確な記載ができていなかった、というケースがよくあります。

受入検査仕様書で成果物のゴールを決める

そこで業務を委託する側は**「受入検査仕様書」を委託時に作成する**ことをおすすめします。受委託の双方でこの「受入検査仕様書」の内容について合意し、成果物の齟齬を防ぎます。

受入検査仕様書とは「この項目に合格したら検収OKですよ」という検査項目が記載された仕様書です。これを早期に受託側と合意し、納品物に対して実際に検査をするのです。受託側もこの受入検査仕様書を基に出荷検査を行えば、お互いに齟齬が少な

くなるでしょう。

とはいえ、これがなかなか作れないのが現状です。委託時にテスト項目をすべて作るなんて、もう面倒極まりありません。そもそも何で委託するのかというと、忙しいからです。大体、受入検査項目なのだから納品日ギリギリにあれば間に合うよねという希望的観測で、ついつい後回しにしてしまいます。

受入検査仕様書は早めに作る

それでも受入検査仕様書は早めに作りましょう。納品時には絶対に必要になりますし、仕様の齟齬による手戻りを防ぎ、スムーズな受委託を進めるための鍵になります。委託開始時にあればベストですが、できるだけ早めに作成し、委託先に渡しましょう。委託する側もこの受入検査仕様書を作る段階で、詳細仕様の点検ができます。作りながら受託側に伝えられていないことや、あいまいな仕様、仕様のミスも発見できます。

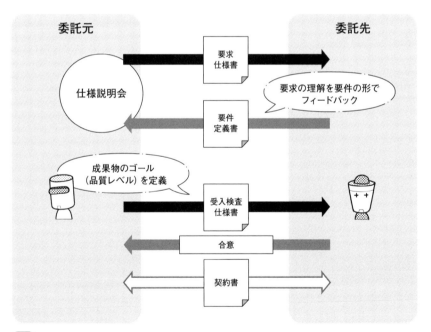

図 受委託時に成果物のゴールを決める

　受入検査仕様書は、テストケースの形で作成すると、最も齟齬が少ないです。委託する側はこの受入検査仕様書を作る工数を確保し、受託側はこの受入検査仕様書に合格したものを納品します。そうすれば齟齬が少なく納品もスムーズになります。それだけではなく、品質保証の部門から見ても、どういった種類のテストを実施し、合格しているのかを見ることで、効果的な評価が可能になります。開発部門だけではない、全体の業務の効率化が図れるでしょう。

要求仕様書、要件定義書だけでは齟齬がある

　要求仕様書、要件定義書だけでは必ず誤解があると思って間違いありません。また受入検査仕様書で合意できていれば、委託する側から後付けでご無体な要求をされることも少ないでしょう。筆者はこれまで何度もこの仕様理解の齟齬で痛い目にあってきました。ソフトウェア開発の業務委託を実施する場合は、委託側・受託側双方のためにも、ぜひ受入検査仕様書を早期に、できれば委託時に取りかわすことをおすすめします。

まとめ

失敗　成果物の品質を定義せず委託し、期待に満たない成果物が納品された

回避策　「受入検査仕様書」を委託時に作成し、受委託双方で合意する

Episode

14

業界用語でイキる「玄人向けUI」

ユーザーはその言葉を知らない

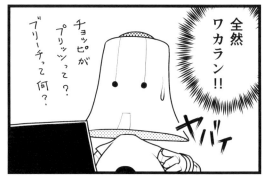

ソフトウェアの表記が揺らいでユーザーを惑わす、というのも問題ですが、実はその用語自体がユーザーの知らない言葉で、そもそも意味がわからんということがあります。業界で長年過ごしていると、業界の特殊用語が一般には全く伝わらないことがわからなくなってしまいます。何しろ関係者全員が業界人ですから、誰も気づかぬうちに一見さんお断りのソフトウェアができ上がってしまうのです。

その概念、 みんなが知っているとは限らない

業務委託しているアームチェッカー用のアプリですが、納品を受けてみたら様々な仕様上の齟齬が発覚しました。その中でも PC と測定デバイスとのデータやり取りに関する誤解が、状況をどんどんややこしくしています。

 うーん。データアップロードって、データを測定デバイスから PC に送るであっていますよね？

 逆〜。うちの会社では「データアップロード」は PC からデータを測定デバイスに送るのが正解。納品されたアプリはどうなっているの？

 アプリは仕様書にアップロードって書いているところ、全部 PC 側に送ることになっています。でもこれどっちとも取れるというか。私も間違って覚えていましたし。

 うう、確かに。うちの会社はもともとハードメーカーだから、機器のほうが上になるのよね。機器にデータを送るのがアップロード。

同じ会社のシンジンさんですら間違うぐらいですから、外部の委託会社が間違うのも致し方ありません。とはいえ、データを送る向きを全部変えるとなると一大事です。そもそも測定デバイスに必要なデータを送る「アップロード」機能が動いていないということは、測定自体も正しくできていない予感がします。

 うへえ。何てこった。やっぱり PC から操作したときの測定データおかしいよ。基になる「アームプロファイル」が正しく送られていないから、当然だよ……。

 えーと「アームプロファイル」って何ですか？ 何かこの「アームプロファイル」、毎回新しい測定値で書き換えられていますけど……。

 な、何だって！「アームプロファイル」はアームの型ごとに設けられた基準データが収められているから、勝手に書き換えちゃダメー！

次々発覚する齟齬にめまいがしてきました。誰しも知っている、当たり前だと思っていたことは、実は誰もわかっていなかったのです。しかしすでに手遅れ。こうした用語や概念の誤解による不具合が様々な機能に絡みつき、問題を複雑化させています。何しろ測定の基本からおかしなことになっていますから、ちょっとした対症療法では何ともなりません。もしかしたら一から作り直すことになるのかも……。

//

それって業界用語ですよね

　方言を方言と意識せずに話すことがあるように、とある業界で長年過ごしていると、自分の使っている言葉が一般用語なのか専門用語なのか、それとも仲間内でしか通じない言い回しなのかがわからなくなってしまいます。別に方言だろうが専門用語だろうが、チーム全員くまなくわかっていれば問題ないのですが、業務委託をする場合や、新しいメンバーが入ってくる場合、東京と大阪の会社が一緒になる場合など、いろんなケースでその用語が「謎用語」化してしまいます。

　あれ？ この言葉って特殊なの？「アームプロファイル」ってロボアーム業界で普通に使うよね？ アームの動作特徴を記載した基準データなんだけど……え？ 知らない？？ じゃ、どう書いたら……。

業界や人によってとらえ方も異なる

　事例のように、このアームチェッカーアプリには「データアップロード」というメニューがあります。このメニューを選んだら何がどうなるのか、実は一般人にはちっともわかりません。仕様書に「データアップロード」と書かれていた場合、実装者はどのような機能を作ってくるでしょうか。

- PCアプリで管理しているデータを別途どこかのサーバに送る機能
- PCアプリにデータをファイルから入力する機能

- 測定デバイスからデータを通信によって入手する機能

- 測定デバイスにデータを通信で送る機能

- X（旧Twitter）でつぶやく機能

　そもそもハードとPCが繋がっているシステムの場合、どっちからどっちにデータを流すのがアップロードなのか。電車の上り下り問題のような感じで素人にはピンときません。もしかしたらメーカーによっても異なるかもしれません。

　ここが失敗のポイントです。**業界用語を不用意に使うことで、仕様の齟齬を招く**と共に、期待と異なる実装の結果に繋がり、致命的な不具合となるか、よくてもユーザーにとって使い勝手の悪いソフトウェアになります。

日々新しい用語が生み出されている

　用語は日々新しく生み出されています。アンテナの高い人は普通に使っていても、人によってはさっぱりわからない用語もあるでしょう。古い話で恐縮ですが「マウスでクリックして」とお願いしたら、マウスを液晶モニターに直接押し当てたという話もありました。

新しい製品に新しい用語がついてくる

　スマホのタッチ系用語も、もしかしたらまだまだ勘違いしている人が多いかもしれません。ピンチイン、ピンチアウトってどっちがどっちだっけ？ とか、指を2本使ってドラッグするのは何ていう操作？ とか、ダブルタップして2回目のタッチを離さずにドラッグするのは何ていうのだっけ？ とか、そもそもタッチとタップって何が違うんだ？ とか、スワイプとフリックってどう使い分けるの？？ とか……、まだまだ一般的には通じない用語もありそうです。

　こうしたOSで実現している機能は検索すればいくらでも出てきますが、業界内部でしか使わない専門用語は検索しても見つかりません。概念的に他の用語で表現することが難しいものもあります。そういう用語がしれっと仕様書に書いてあると、業界に入ったばかりの人には理解ができなくなります。

ドメイン知識を得る

　業界でしか利用されない特殊な知識を、「ドメイン知識」と呼びますが、新人のとき
にはこの「ドメイン知識」がなくて困惑しました。にもかかわらず、業界での仕事が
長くなると、ついつい「ドメイン知識」に頼った表現をしてしまいます。それは、前
述の通り他の用語で表すことが困難な概念であることだったり、その用語を使えば一
言で済ませられるので楽だったりするからです。

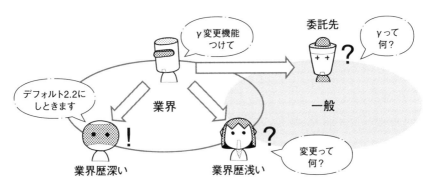

図 業界用語は伝わらない

知ったかぶりしてしまう

　一般人から見たらこの「ドメイン知識」に頼ったドキュメントは、まるで魔法の呪
文が書かれているような、わけのわからなさが漂います。例えば「γカーブ変更機能」
という表記が仕様書にあったとします（※1）。ディスプレイ業界やプリント業界、カ
ラー関係の人でしたらピンとくるかもしれませんが、一般人にはとっては全く謎の機
能です。実装する人もつい「ご一緒にαカーブとかβカーブはいりませんか？」と知っ
たかぶりして聞いてしまいそうです。

　この「ドメイン知識」自体は業務を遂行する上で必須なのですが、ソフトウェアの
開発者や実ユーザーも含め、全員が同じドメイン知識を持ってはいない、と理解して
おくことが重要です。

※1　γカーブ：主にディスプレイやカメラやプリンタ等において、入力と出力の関係を示したもの。ディ
　　　スプレイであれば、γカーブによって入力された信号に応じてどの程度の明るさで表示されるかが
　　　決まる。

用語集を作って育てる

　自分たちが使っている用語について、これって一般的にも通じるのかな、と心配になったら、それらの用語の意味をまとめた用語集を作りましょう。そうです、再び用語集です。それだけ用語集は効果があります。用語集はできるだけ一般的な用語でそろえるのがポイントです。用語集を作っておけば、ドメイン知識が共通するすべてのプロジェクトで誤解なく用語を使うことができます。この用語集から用語をセレクトして仕様書を書くのです。新しい用語を使いたくなったら、まず用語集で定義してから使いましょう。おすすめはWikiを立てて**用語集をみんなで育てる**ことです（Wikipediaのように）。

　ソフトウェアUIでどうしても専門用語を使わざる得ない場合も、この用語集をマニュアルやヘルプにつけておけば、とりあえずは何とかなります。

　また**技術者ではない方にドキュメントを読んでもらったり、ソフトを操作してもらったりする**のもいい手です。ぜひ理解の難しかった点を指摘してもらいましょう。当たり前のように使っている言葉を疑ってみることが大事です。

まとめ

失敗　：業界用語を使って仕様書を書き、齟齬による実装ミスが発生した

回避策❶　：用語集を作る

回避策❷　：開発者以外の人にドキュメントやソフトをレビューしてもらう

仕様は間違いなく、間違って伝わっている

　ソフトウェア開発において一番の問題は、作るものを間違えること。そして二番目は作るものの仕様が伝わらない・理解されていないことです。

　文章による曖昧な記述、暗黙知やドメイン知識の不足による誤解、仕様書に記述がない項目に対する処置や判断など、いろいろなところで齟齬が発生します。これらの齟齬は発見が難しく、ソフトができ上がってきて初めてわかることもあります。何しろ仕様書を受け取った側は「よし理解した！」と思っているからです（実は間違っていても、間違っているとはわからないのです）。

　仕様の齟齬はできるだけ早期に発見することが重要です。そのためには常に「仕様は間違いなく、間違って伝わっている」と思うことが大事です。仕様書を書いて渡したとしても、絶対に誤解されている！ と考え、次のアクションに繋げましょう。

- ●「仕様は間違って伝わっている」はずだから、口頭で仕様説明会を実施して、直接わからないところは質問を受けよう
- ●「仕様は間違って伝わっている」はずだから、委託先の理解を確認するため、要件定義書を作ってもらおう
- ●「仕様は間違って伝わっている」はずだから、ある機能ができたらその部分だけでいいので納品してもらおう。仕様に齟齬がないか早めに動くものでチェックしてみよう
- ●「仕様は間違って伝わっている」はずだから、テスト仕様書を先に作っておこう。このテストが通るかどうかで合格を判断しよう

　社内でも同様です。同じチームだし、さすがにわかるだろうと楽観視していると後で困ったことになります。仕様書はあくまで仕様を伝える1つのコミュニケーション手段です。**仕様が伝わらないなら他の手段を併用すべき**です。面倒な気がしますが、これも後の手戻りを考えると安いコストです。

　あ、大事なことを書き忘れていました。とはいえ、まず仕様書は作りましょう。仕様書がないのが一番ダメです。仕様を伝える気もなければ、そもそも仕様を作ってもいない可能性があります。さすがに、ない仕様は誰にも作れません。

Chapter

3

「設計・実装」で
失敗

Episode

15

自在に解釈可能な「形だけインターフェース」

設計思想がない

システム全体の要件が固まり、何を作るのかが決まれば、あとはゴリゴリ手を動かすだけ……という技術者ならではの慢心が次なる失敗を呼び込みます。「作るものを間違う」「仕様が伝わっていない」に続く、ソフトウェア開発の三大失敗「アーキテクチャ崩れ」です。いかに素晴らしいアーキテクチャを構想しても実現しなければ絵に描いた餅です。この第3章ではそういった設計や実装にまつわる失敗をご紹介します。

形だけの約束

　アームチェッカーは様々な演算アルゴリズムを必要とします。もちろん、ハードの測定デバイスとPCアプリの間で演算に違いが出てはいけません。そこで、演算アルゴリズムは測定デバイスとPCアプリで同じモジュールを共有して組み込むことにしました。ところが、この共有した演算モジュールがPCアプリでうまく動かないようです。シンジンさんはコーハイさんに相談を持ち掛けました。

演算モジュール、委託してアプリに組み込んでもらったのですが、必ず落ちるんです。間違いなく演算モジュールの中で落ちています。

え？ ちょっと待って。測定デバイス側ではちゃんと動いているのだけど。呼び出し方間違ってない？ コードちょっと見せてくれる？

　コーハイさん、慌ててアプリのコードを確認し、問題点を特定しました。

あーわかった！ この演算モジュールのAPIは呼び出し側がメモリを確保するのよ。確保できていないと、関数内部でメモリをアクセスするから落ちちゃうね。

なるほど！ でもAPI仕様書にはそんな記載はなかったし、他の関数は内部でメモリ確保してくれるし……。

ぎくっ。これには歴史的な理由があるのだ。これまでの製品で使われてきた伝統の演算ルーチンなので、下手に触れないのよ。

　他も確認してみると測定デバイスとPCアプリで微妙に結果が異なるケースがあります。そもそもアルゴリズムは同じものを使っているため、演算結果が変わるはずはありません。細かくアプリ側の実装を点検していくと、引数に渡す構造体に収めるデータが異なる、なぜか演算ルーチンを変更し、グローバル変数を立てて何かの値を参照している、勝手に立てたグローバル変数の使い方が関数によって異なるなど、様々な課題が見えてきました。

　PCアプリは外注しているため、コードの修正には新たな依頼が必要です。まずコーハイさんがライブラリの関数の使い方や考え方をAPI仕様書に追記し、シンジンさんが演算結果の正解情報を作って委託先に渡しました。

実装した委託先も、このライブラリをどう使ったらいいのかわからず、困っていたみたいですね。こうなると演算モジュール以外のところも気になっちゃうな……。

　シンジンさん、いくつも設計意図から外れた自由な実装を見てしまったため、他の部分についても不安になってきました。実はこの予感が的中、すでに様々な箇所でアーキテクチャ崩れを起こしており、後々大量の不具合が発生することになるのです。

アーキテクチャ崩れ

　昨今のソフトウェアは規模が大きいため、一人の開発者だけで作り上げるようなことはなく、基本的に複数人のチームで作られます。ソフトウェアというものは、きちんと設計して役割をモジュールに分割し、それぞれを疎な関係で呼び出すことができれば、担当を分けて実装することは難しくはありません。

　そのため、まずどの機能を独立させてモジュール化するのか、またシステムがいつどのようにデータを生成し、保管するのか、システム全体の設計を最初に行う必要があります。すなわちアーキテクチャ設計です。現実の建物でも土台が悪いと、すぐに倒壊してしまいます。ソフトウェアアーキテクチャは、最終的な製品の品質だけではなく、発売後のサポートやメンテナンス、アップグレードやカスタム対応にも関連し、事業の継続性に大きく影響します。

互いに疎である難しさ

　開発初期に一生懸命知恵を絞って考えたアーキテクチャでも、その設計をリリース後まで保つことは、思った以上に困難です。例えば、モジュール間の「疎な関係」を保つだけでも、次のような問題が発生します。

① モジュール側で確保したメモリが解放されない（呼び出し側ではいつ解放したらいいのかわからない）

② 呼び出し側でメモリを確保せずにポインタをモジュールに渡して、Memory Violation Errorが発生する（メモリ確保の約束が決まっていない）

③ タスクにユニークなIDをつけるはずが、なぜかモジュールごとに別管理となっていて、同じタスクに異なるIDが割り当てられる

④ APIの引数がvoid * で明確な定義がなく、その場だけのローカルルールで運用しているため、他から呼び出したら期待の動作をしない

⑤ APIとか関係なく、グローバル変数やテンポラリファイルで解決している

　①〜③はどちらかというと技術者同士の関係が疎になっていて、話が通じていないように見えます。④や⑤はモジュール間が疎ではなく、インテグラルというか分かちがたい濃密な関係になっています。

　アーキテクチャ設計もして、API仕様書も機能仕様書も作ったのに、モジュールをインテグレートしてみるとなぜか動かない。正常系は何となく動いているのに、異常系で謎のバグが次々と発生し、直しても直してもまた次が出てくる。そんな馬鹿な！ いったい何が起こっているんだ？ と、想定外の問題発生に頭を抱えてしまいます。

　ここが失敗です。仕様書でモジュールをきれいに分け、インターフェースを明記したつもりでも、**その設計思想を共有していなかった**ため、自由な実装を許してしまったのです。

 まさかそんな実装するなんて。アーキテクチャに沿っていないじゃん。いや待てよ。そういえば誰にもこのアーキテクチャを説明してなかったぞ。仕様書に書いてあるから読んでねとは言ったものの……。

APIだけでは伝わらないことがある

　実はアーキテクチャ図やインターフェースのAPIだけ記載しても、アーキテクチャ崩れは防げません。つい限られた時間内に機能を実現することを優先してしまい、アーキテクチャを順守することは、おざなりになりがちなのです。モジュールを使わず、ついソースからコピペしたり、手っ取り早くグローバル変数経由で情報を受け渡したりして、アーキテクチャをぶち壊します。

　アームチェッカーの調整パラメータへのフィードバックアルゴリズムは、別のアル

ゴリズムにも差し替え可能にしたいという要件があり、演算部分をDLLとしてモジュール化したとします。ですがこの「アルゴリズムが置き換え可能」とするための約束が共有されていないと、残念な実装を許してしまいます。例えば、アルゴリズムの前処理をモジュールの呼び出し側で行うことを前提とするケースです。実装者がその約束を知らず、モジュールに前処理を含んだ別のアルゴリズムを実装してしまうと、そのアルゴリズムでは呼び出し側での前処理と、モジュール内部での前処理で2回の前処理を実施することになります。事例において演算結果がおかしくなったのは、こういったことが原因です。モジュールは置き換え可能になっていても正しく動かないのです。

　これはアーキテクチャの目的や約束事といった、設計思想が伝わっていないために起きる悲劇です。設計に至るまでの想い・思想をきちんとドキュメント化し、共有しておかないと、アーキテクチャはいとも簡単に壊れていきます。

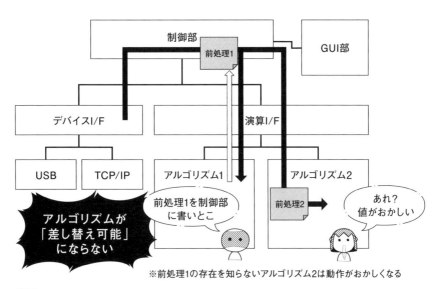

図　アーキテクチャ図やインターフェース設計だけでは思想が伝わらない

設計思想を文書化する

　アーキテクチャ設計と共に、その設計思想もドキュメント化しましょう。設計思想書という文書を作ってもいいぐらいです。

　ドキュメントには、まずそのアーキテクチャを選んだ理由を書きます。例えば、将来的にアルゴリズムはDLLを置き換えるだけで差し替えできるようにしたい、など。もし将来的な展望があれば、それを記載しておくのもよいでしょう。あわせて、約束事を記載します。例えば、メモリはAPIの呼び出し側が必ず確保して開放するとか、タスクは呼び出し側が必ず発生させUUIDを付与するとか。ほんの数行でも、書いておくだけで問題がすさまじく減ります。

　また複数人で設計する場合にはチーフアーキテクトを決め、最終的にその人がどのような設計にするか決定するようにします。多数決だと整合の取れていないアーキテクチャになるので要注意です。

　ソフトウェアは、どんな書き方でも一見動くものは作れます。しかし製品の品質、ビジネスの継続性、発展性のためにアーキテクチャは重要です。昔からあるスパゲッティプログラムはいまだに存在します。実際、main関数内にすべての処理が書かれているコードを見たときには、さすがに絶望してしまいました。アーキテクチャの崩れたソフトウェアに市場で問題が出た場合、その解決には想定外の多大なる困難が待ち受けています。今動けばOKではなく、要件に沿ったアーキテクチャを設計し、その思想も記載の上チームで共有しておきましょう。

まとめ

失敗 : 実装者に設計思想が伝わっておらず、アーキテクチャの崩れを防げなかった

回避策 : 設計書に設計思想を記載する

Episode

16

自分だけの都合で変更する「自己中改造」

修正の影響が見えていない

複数人で協力するもの作りは非常に楽しい反面、難しいところもいっぱいあります。自分の加えた変更が、どこまでどんな影響を及ぼすのかしっかり把握をしていないと、大変な不具合に繋がります。一見おかしく見える実装も、実はその裏に深淵なる理由が存在し、あえてそのように実装しているケースがあるのです。自分の理解の範囲だけで不具合だと決めつけ、勝手に修正すると、またしても痛い目にあってしまいます。

周囲5cm しか見えていない

コーハイさん、ギリギリの日程に追われつつ今日もコーディングです。

 あれ？ このアームの指座標を返す関数、おかしくない？ この条件だと、指がお互いにめり込んじゃう値が返ってくるよ。境界条件ミスっているか、何もしていないな？ どれどれ。

忙しいと言いつつも、他人のコードが気になるコーハイさん。結局この関数に手を入れ始めました。確かにこの指座標を返す関数、物理的に不可能な値でもスルーで返してきます。そこで指同士のあたり判定を入れて、あたり位置でデータをクリッピングして返すように変更しました。

 俺って気が利く〜。 この後に出るバグ10個分ぐらいを処理したような気分。未来の俺が感謝しに来るかもね。

すっかり自分で自分の貢献に悦に入っていたコーハイさんですが、何だか次第に周囲から悲鳴が聞こえ始めました。様々なところで動作しない、動きがおかしいなどの不具合が多発しています。しばらくするとハルさんが青い顔をしてやってきました。

 おおい。何を変更したのよ。いたるところで大パニックになっているぞ。変更点と変更理由を教えてくれー。

 えーと、かくかくしかじか。

 あああ。それはやっちゃったな。その関数としては指がめり込んでいてもいいのよ。実測データの誤差なども含んだ状態でその後の計算に使うので、ここでクリッピングされると、いろんな機能が動作しなくなるのよ。

 ええ！ じゃあ、関節の回転角を返す関数も……。

 そっちもか！ すまんがすべて元に戻してくれ。いや悪かった、それぞれの関数の役割が明記されていないのはオレの落ち度だ。

今回はわかりやすく不具合が噴出し、問題にすぐ気がつけました。しかし変更によってエラーが生じず、演算結果がほんの少しだけ異なるようなケースでは、なかなかすぐに気づけません。もし出荷してから、実は値が間違っていたなんてことになると、アームチェッカーを使った顧客の作業がすべて吹っ飛びます。下手をすると損害賠償にも繋がることでしょう。よかれと思ってやったことが、危うく致命的な失敗に繋がるところでした……。

コンフリクト！

　複数のメンバーでコーディングしているとき、いつも問題になるのがマージです。自分の環境では問題なく動いているのに、なぜかマージしたとたんに動かなくなる。「犯人は誰だー！」と言いたくなったときは、誰かのせいにする前にまずは自分のことを振り返ってみましょう。その犯人はもしかしたら自分かもしれません。筆者の経験上、そのような状況でたいていやらかしているのは自分です。自分の基準でこうすべきと思って修正したことが、実は大間違いだったりします。

　これが今回の失敗です。**よかれと思って修正した内容が、深刻な不具合に繋がってしまう**のです。

　簡単な例として、足し算の関数をメンテナンスしているとしましょう。いやいや足し算の関数なんか作るかよ！ とかいうのはちょっと置いといて、まあこんな感じの関数があったとします。

```
int addint (int a, int b) {
    return (a + b);
}
```

　ところがとある問題が出て、入力（引数）がマイナスのときは0にクリップしなければならなくなりました。

```
int addint (int a, int b) {
    if (a < 0) {
        a = 0;
    }
    if (b < 0) {            0でクリップする
        b = 0;
    }
    return (a + b);
}
```

　もうこの時点で、何だかモヤっとしている人も多いかと思います。しかし、物理現象的にマイナスを取らない値を扱う場合、0クリップする必要性はそれなりにあります。例えば、音や画像を扱う場合です（マイナスの音って何？ マイナスの明るさってどうなっているの？ みたいなときですね）。

　事例のように、ある可動範囲や境界値で測定値をクリップする、という処理を導入することもおかしなことではありません。

　ところが、この元の関数を純粋に「足し算関数」として使っている人がいたとしたらどうでしょう。昨日まで-2と3を足したらちゃんと1が返ってきていたのに、今日ビルドしてみたら-2と3を足したら何と3が返ってくるのです。算数的にはどう考えても明らかに1が正解です。

 急にいたるところでエラーが出てきたぞ！！ 測定結果自体もおかしくなっているし、問題の出ているところが広範囲すぎて収集つかない。一旦変更や修正を問題が出ないところまで巻き戻しするしかない……。

　こうして自分の考えた範囲で変更したことが、自分の預かり知らないところで大きな火事を発生させてしまうのです。

勝手に仕様を変えない

　この例では、何がよくなかったのでしょうか。それは、**勝手に関数の仕様を変えて
しまった**ことです。addint関数はもともと単純な足し算の関数だったのに、それを
「マイナス値はゼロでクリップする」という仕様に変えてしまったのが失敗の元です。
複数人で実装を行っている場合、関数の仕様を変えることは慎重に行わねばなりませ
ん。コード上、明らかに他への影響がないことを確認し、変更する前にコードに関
わっている実装メンバー全員に通達してOKをもらい、変更した内容や経緯はしっか
り記録しておくことが必要です。超面倒くさいですが、こういうことをしなければト
ラブルを避けられません。
　あるいは、今回の場合は別の関数を用意するとよかったかもしれません。

```
int addint_zeroclip (int a, int b) { —— 関数名を変える
    if (a < 0) {
        a = 0;
    }
    if (b < 0) {
        b = 0;
    }
    return addint(a, b);
}
```

　元の関数はそのままにして、今回の「0クリップ仕様」を満たす別関数を用意してお
けば、炎上は免れたことでしょう。とはいえ、どんどん似たような関数が増えてしま
うのも、また別の問題を生んでしまいます。繰り返しになりますが、本当にその関数
の仕様を変更すべきかどうかを関係者で相談し、必要ならシステム全体の整合性を慎
重に確認しながら変更を実施することが大切です。

デイリービルドで早めに気づく

　何より重要なのは、できるだけ短い範囲で、長くてもデイリーできちんとマージ、
ビルド、自動テストを行うことです。どんなに注意してもこういう問題は忍び込んで
きます。問題の芽は発生後すぐにとり除かないと、どんどん修正が難しくなっていき

ます。そのため、できるだけ早く異変に気づける仕組みが必要です。プロジェクト開始時にはJenkinsなどを用いて必ずCI（Continuous Integration）ができるように準備をしましょう。

　また、あわせてUnit Testの仕組みも必要です。CIで毎日ビルドだけしても問題を発見できません。常時テストを回し、オールグリーンを確認する必要があります。そもそも、全関数にUnit Testがあれば、仕様を勝手に変更し、コミットする前に実装者自身が問題に気づけるはずです（コミットする前にUnit Test回すよね？）。

　これらは面倒くさいし手間もかかりますが、トータルで考えると安いコストです。

　開発環境から各関数のフォロワー（使っている人）がわかったり、関数を変更しようとするとAIが注意を促してくれたりするツールがあれば便利ですね。そうしたAIを活用したツールも出始めていますから、将来はこのエピソードのような失敗は少なくなっていくのかもしれませんね。

まとめ

失敗 ：個人の思惑だけで関数の仕様を変更し、全体に不具合を発生させた

▼

回避策❶ ：関数の仕様変更時には関係者と相談し、変更の理由と履歴を残す

回避策❷ ：CI（Continuous Integration）とUnit Testの仕組みを導入し、早期に仕様変更による課題を発見する

リリース版が復元できない「不完全リポジトリ」

作成可能な情報が十分保存されていない

現代のソフトウェア開発において、バージョン管理システムを使ってソースコードを管理することは当たり前ですよね。しかし、実はリポジトリに、リリース版作成のために必要な情報のすべてが保存されていないことがあります。ソースコードは全部あるのにビルドスクリプトがないとか、仕様書がないとか。こういった「不完全なリポジトリ」が後々重大な「リリース版が復元できない」問題を引き起こします。

もうどこにもない

ハルさん、今日は何だかバタバタと探し物をしているようです。

ねえねえ、先日契約終了した派遣さんに作ってもらった、アームチェッカー生産用ツールなんだけど、最新のソースコードがどこにあるか知らない？ちょっと変更しようと思ってビルドしてみると、リリース版とバイナリが違うのよ。実際動作もおかしいし。派遣さんが使っていたPCに残っていないか見てもらえないかな？

ええ？ そのPCはもう初期化して、新しく来られた派遣さんが使ってるっス……ああ、もしかしたら。

　幸いなことに最新版をテストするため、コーハイさんは自分のローカルPCにソースコードを入れていました。何とか最新版を確保できたので早速リポジトリにPushです。危うく派遣さんを雇ってまで作った数か月分がなかったことになるところでした。しかし、こうなると他のコードも気になってきます。

アームチェッカー用のテストケースとかテストコードとかも全部リポジトリに入っているのかな。そのほかファームアップデートツールとか、アルゴリズムの検算用ツールとか、インストーラ作成用スクリプトとか。

テストコードは入ってるっスけど、アルゴリズムの検算ツールはないっスね
え。さすがにインストーラ用スクリプトは……あれ？

入ってないじゃん。インストーラ作成用PCにしかないんじゃないの？ ファームアップデートツールもこれ最新版かな？

　もはや何もかもが疑わしくなってきました。ここできちんとそろえておかないと、後でものすごく大変なことになる予感がします。そこでアームチェッカーに関するすべてのツール類や文書、開発に必要なデータなどが、すべて最新の状態でリポジトリに収められているかどうか、点検をすることにしたのですが……。

忙しいところすみません。販売中のレッグパワーの使用許諾書を差し替える件なんですが、インストーラ作成用のスクリプトが見当たらないんです。

　気づけばハルさんとコーハイさんの顔色が青ざめています。古い製品ですから、サーバになければ、もうどこにも存在していないでしょう。しかもレッグパワーの開発者はすでに退職して会社にいません。スクリプトを作り直すための情報も果たして足りているのかどうか。ハルさん、この後の苦労を考えると、青い顔色がさらにどす黒くなっていくのでした。

不完全リポジトリ

　読者の皆さんはSubversionやGitなどを使って、ソースコードをきちんとリポジトリで管理されている方が多いと思います。いまどき趣味のプログラムであっても、バージョン管理システムを使うことがほとんどです。ただどんなに素敵なバージョン管理システムであっても、情報が保管されていなければ役に立ちません。開発に必要なものはすべてリポジトリで管理すべきです。

　「いや別にソースコード以外、リポジトリに入れなくてもいいんじゃない？ ファイルサーバもあるし」などと思っているなら、それは失敗の入り口に立っています。

　開発に必要なファイルのすべてが収められておらず、後々メンテナンスや、バージョンアップ開発を実施するタイミングになって「まさかビルドできない！？」と冷や汗をかくことになるのです。

管理されていない仕様書

　よくあるのはなぜか仕様書も図面も収められていないケースです。仕様書は随時修正したりバージョンアップしたりするものですから、最新の仕様書がどこにあるのか誰でもすぐにわかることが大事です。特に、あるバージョンに対応した仕様書はどれなのか、コードと仕様書がきちんと対応づけられている必要があります。仕様書に書いてあるのにコードがないとか、コードはあるけど仕様にないといった場合、何が正

しい姿なのかがわからなくなってしまいます。

　おそらく仕様書はファイルサーバのどこかにあるのでしょうが、探す手間が尋常ではありません。作ったときにはここにあるから大丈夫と思っていたあの仕様書、今はどこに行ってしまったのか、もう誰にも行方はわかりません……。

管理されていない小さなコードたち

　またソフトウェア技術者のもとにはいろいろな頼まれごとが舞い込みます。何だかんだ、ほんのちょっとしたコードを片手間に書くことになるのですが、それらは担当者のPCに収まったまま管理も共有もされていない、ということがよくあります。例えば、次のようなものが管理されずに放置されています。

- 経理担当者に頼まれた、データ集計を楽にするためのExcelマクロ
- マーケティング担当者に頼まれた、Pythonで作ったデータ整理ツール
- 素性のよくないCSVファイルを整形するためのsedスクリプト
- 部内の誰もPCのデータをバックアップしてくれないので、仕方なく作って配ったWindowsのタスクに登録するWSHスクリプト
- 社内のセキュリティポリシーが厳しくなり、PCにインストールされたアプリを調査するためのスクリプトとログサーバ
- 顧客サービスに頼まれた、ファームウェアのバージョンをUSB経由で確認するためのツール
- 販売に頼まれた、ライセンスサーバのデータベースから今月のアクティベート数をカウントするSQL文

　これらのツールのソースコードは、おそらく作った人のPCにしかありません。作った当初は依頼した側も軽い気持ちでお願いしたのでしょうし、作った本人もまた何かあったら作ればいいや、くらいの気持ちだったのかもしれません。ところがこの小ネタツールたちが、いつの間にか事業をバリバリに支える重要なツールに変貌している可能性もあるのです。

相談されて片手間に作ったあのツールが、経理部署のIT導入成功例に挙げられている……まずいぞ、ソースコードどこだっけ。まさか廃棄した前のノートPCの中とか……。

　いつもお世話になっている方が助かるなら、と軽い気持ちで作ったツールが今やその部署の作業に不可欠なIT業務改革のコアアイテムと化している。また生産現場での無駄作業を見かねて、ただのおせっかいで作った小さいツールが、今や生産量拡大の要になっていることもあります。技術者以外の人にとって、ソフトウェアは単純作業を魔法のように効率化できるのですから重要化するのも仕方がありません。

重要部品化される善意のツールたち

　こうして何気なく作ったお気軽ツールが、いつの間にか業務の花形、ビジネスの重要部品となり、有事の際には最優先で対応を求められます。例えば、生産ラインで使っていたツールが新設したラインではなぜか動かなくなったとき、それこそ担当者がすごい形相で修正のお願いにやってきます。何しろ生産がストップしてしまうので当然です。

　そんな重要部品であるツールのソースコードが失われている、あるいは作った人がもう退職して誰もわからない、なんてことになると事業継続も危ぶまれる大ピンチです。もう失われたものは取り戻せませんから、誰かがゼロからすべて調査して理解し、

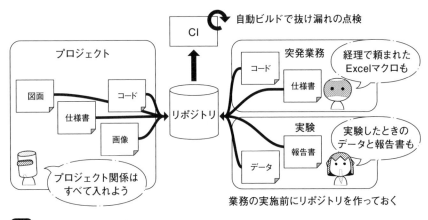

図　業務の情報は漏れなく管理する

必要なものを新たに作り直す必要があります。しかもツールを活用している部署からは「どうしてちゃんとソースコードを管理していないんだ！？ キミたちソフトウェアのプロだろ？ 管理体制どうなってんの？」と責められます。たまたま善意で作ったツールなのに、逆にこっぴどく叱られることになります。不条理な気持ちになりますが、すべての情報を管理していなかったことが問題なのです。

すべてのコード情報を管理する

とにかくコード以外のドキュメント類も一緒にソースコード管理システムで管理しましょう。コードとドキュメントが紐づいていることはとても重要です。もちろん自分で作ったビルドスクリプトとか、ビルドに必要なものも忘れないように。クリーンな環境下で一度リポジトリ情報だけでビルドしてみると忘れ物に気がつきます。CI環境で自動ビルドを行うことも効果的です。

また職場で作ったツールは、すべてリポジトリに入れて管理しましょう。どんな小さなものでも、まずは業務のための専用リポジトリを作り、管理の漏れを防ぎます。

もちろんこの文章も漫画もGitで管理しております。皆さんも身の回りで管理できていないものがないか、ぜひ点検してみてください。

まとめ

 失敗 リポジトリにすべての情報を収めておらず、メンテナンスやバージョンアップに支障が出てしまった

回避策❶ 職場で作成したものはすべてバージョン管理システムに登録する

回避策❷ クリーンな環境でビルド可能か確認し、情報の抜け漏れを点検する

Episode

18

もう開発環境がない「伝説のオーパーツ」

コードがそろっていてもビルドできない

ビルドに必要な情報がリポジトリにそろっていない！ という失敗をご紹介しましたが、当然ながら開発環境自体もその「必要な情報」にあたります。ビルドのための情報はすべてそろっているのに、開発環境がないと、リリース版が再現できません。ほんのちょっとしたバグを修正したいだけなのに、何も対処できなくなります。

❝ソースコードがあってもビルドできない

　ロボチェック社の生産現場では、生産中に動作を確認したり、機器のメモリに動作用のパラメータを書き込んだりする必要があるため、社内で作成した様々なソフトを活用しています。これらのソフトウェアは、開発部署が生産の要望を受けて作っているので、時折緊急の要望が舞い降りてきます。

 生産用のPCが壊れて新調したのだけど、新PCで「レッグパワーCS2」用の生産ツールが動かないみたい。ハルさん、申し訳ないけど状況確認してもらえるかな？ 生産が止まってしまうので、最優先でお願いしたいのです。

　ハルさん、しぶしぶ生産現場に出向き、状況を確認しました。確かに動いていません。どうも生産用ツールが最新のOSに対応できていないようです。

 動かない原因は開発環境を持ってきてデバッグしないとわからないなあ。いったいどこで止まっているのか。多分通信部分だと思うのだけど……。

　とにかくまずは作業の見積もりをしようと、生産用ツールのソースコードをリポジトリから引っ張ってきたのですが……。

 ちょ……これ VB6 じゃん！ VB.NET ですらない。VB6 なんてまだあったかなあ？ コーハイ知らない？

 うえー。知らないっスよ。ダメ元でちょっと倉庫行って探してみるっス。望み薄ですけど……。

　コーハイさんは倉庫を小一時間探したものの、やっぱり見つかりません。そもそも開発環境自体、すでにメーカーサポートが切れていますから、よしんば入手できたとして、最新のOSで正しく動作するのかどうかも不明です。

 まずいなー。ちょこっと直すような話じゃなくなってきたぞ。VB.NET に移植するなんてなったら大変だ。1つプロジェクトを立ち上げるぐらいのインパクトがあるぞ。とはいえ開発環境がないので他に手段がない。

気づけばまたまた大ピンチです。このままだとレッグパワーCS2の生産はストップしたまま。とはいえ開発環境がないのですぐには直せません。別の開発環境に移植するには少なくとも2週間、いや1か月はかかるでしょう。1か月生産を止めると、事業にも大きなインパクトが発生します。

 このツール、演算部はないですね？ では最新の開発環境に移植をしましょう。外部ベンダーに委託して進めます。追加予算確保も含め、私から経営層に提案しますので、ハルさんは委託準備をお願いできますか？

　こうしてこの件は外部委託することで落ち着いたのですが、このツールには仕様書もなく、テストケースや評価結果も残っていないため、実は納品されてからが大変だったのです。結局、ハルさんの工数はまるまる2週間、評価や修正のために取られることになりました。

開発環境は変えたくない

　銀行系システムの不具合を報道するニュースが流れるたびに、「えー？ いまだにCOBOL使っているの？」などと変なところで感心します。正直動いているシステムは触りたくないものですし、そもそも一から別言語で作り直す予算なんてありません。また長年計算処理で問題が出ず、信頼と実績が積み重なっています。これをさらっと別の処理系に変えた場合、どれだけの評価を行えばその信頼と実績に見合うのか、考えただけでちょっと気が遠くなります。「新しいシステムに作り直したら、とある金額のときだけ利息が1円安く計算されるようになりました。でも1円だから許して！」と言われても、普通は納得できませんよね。

　ソフトウェア開発環境の変更は、一般の方が思う以上に労力を要し、かつリスクを伴います。これは銀行や空港や病院で使うクリティカルなソフトウェアに限ったことではありません。ソフトの種類にもよりますが「開発環境を変更したので、新しいVersion1.2からはちょっとだけ計算結果が異なります」なんてことは許されません。もし本当に計算が異なるのなら、どの程度の違いか、それは製品のスペック、精度と

して問題がないレベルかどうか、しっかりと検証し、ユーザーに知らしめる必要があるでしょう。

開発環境がない

　演算系の機能については、利用するコンパイラや、ライブラリの演算精度に大きく依存するため、開発環境をおいそれと変えるわけにはいきません。にもかかわらず、その大事な開発環境が何だったかわからなくなってしまうことがあるのです。

　リポジトリにはソースコードや各種仕様書すべて残っているのに、何を使って作ったのかわからない。何となく時代的にこれかな？と思った開発環境でビルドしてみたものの、リリース版と同じバイナリにならない……。

 これはまずいぞ……リリース版が再現できない。ほんのちょっとした表記の誤字を直したいだけなのに、これでは全機能評価し直しになってしまう。とはいえこんな簡単な修正もできないなんて言えないし。困ったなー。

バイナリが再現できない恐怖

　この同じバイナリにならない、というのは開発者にとってじわじわと真綿で首を絞められるような恐怖感が湧き上がる事態です。バイナリが異なるということは何かが異なるということ。つまり、膨大な時間をかけて評価をし、泣きながら数々の修正をしてリリースをした、あのときのアレと同じものが作れない、ということなのです。再度あのときの膨大な評価をもう一回やってOKが出ないことにはリリースができません。品質保証部門の担当者の険しい表情が目に浮かびます。

　それでもまだ開発環境が手に入るならましです。大変な労力がかかるとはいえ、再度評価すればよいのですから。しかしもう開発環境が手に入らなかったら……。ここが失敗のポイントです。**開発環境を保存しておかなかった**ため、後々メンテナンスに大変なコストや労力がかかるだけではなく、最悪の場合、開発が継続できなくなり、事業に大きな影響を与えてしまうのです。

20年前のソフトだって現役

ケータイのように2年程度でさっさとディスコンにして、古いソフトはサポートしない、という製品ならこうした問題の影響は小さいでしょう。しかし、10年20年と利用するような機器のソフトであったり、ここ20年近く社内で使っている生産用ツールだったりすると、問題は深刻になります。

まさかのVB6

実際に、ある生産用のソフトウェアの開発環境がVisual Basic 6.0だったことがあります。しかも、機器との通信はGPIBでした（！）。

そのまま、そーっと使い続けられたらよかったのですが、残念ながら生産に必須の機器が壊れて新しくせざるを得なくなりました。買い換えた新しい機器にはもうGPIBはなく、USBに代わっています。そりゃそうです。

当然、生産部署からはソフトも新しい機器に対応させてほしいという要望が出るのですが、すでに当時の開発環境は残っていません。また作った当時のことを知る人もなく、結局数名の技術者で一から調査し、作り直すことになったのです。

もちろんドキュメントもない

このとき、もし開発環境が残っていたらアルゴリズムや演算部分には手を入れず、簡単に通信部分のみ修正して、うまく動けばそのまま運用することができたかもしれません。しかし、開発環境がないために、最新の開発環境で作り直さざるを得なくなりました。そうなると演算部分の検証も必要になります。検証のためには、このソフトの目的が何で、どういう計算をするものなのか、といった事柄から理解をしないといけません。検証レポートやアルゴリズムの解説書が残っていたらいいのですが、例によってそれもありません（またか……）。

結局、様々な専門技術者が呼び出され、どう動くべきか、どうあるべきかを改めて検討し、実験して組み上げていくしかなくなります。

せめてソースコードと一緒にドキュメントが残っていたら、そしてせめてリリース時のバイナリが再現できる開発環境が一式そろっていたら……。

開発環境も忘れずに残す

　10年後20年後も使われる想定のソフトなら、そのときサポートする技術者のことを少しイメージしてみていただきたいのです。

　ソースコードだけではなく、各種仕様書や実験データ。評価のためのテストケースとその結果。パフォーマンスを測定するためのツールや、自動テストのためのコードや実行環境とテストに必要なデータ。アルゴリズムの解説と実測データ。そしてそれらすべてが実行できる開発環境一式。現在開発している作業が10年後でもすぐに始められるようにこれらを保存しておいてください。一番楽なのは仮想環境を作って開発環境ごとイメージを保存しておくことです（商用の開発環境の場合はライセンスにご注意ください）。最近はDockerのようなコンテナ型の仮想化プラットフォームもあります。環境を簡単に保存・再現できるようになってきていますから、こうした仕組みを活用して保存するとよいでしょう。

まとめ

失敗	開発環境を保存していなかったため、簡単なメンテナンスもできず、一から作り直さねばならなくなった

回避策❶	コードに紐づけて開発環境を保存する

回避策❷	仮想環境の活用を検討する

夜な夜な数えるbyte数「メモリ怪談」

6byte、7byte…1byte足りない

そう。それは確か、

先日リリースしたばかりのツールを使っているときのことでした。

ちょうど4番目のデータがおかしいと気がついて、

なにげなく削除したのです。

Data	Delete
29.678	
31.334	
28.774	
◎ 99.999	
30.008	
32.269	
33.381	

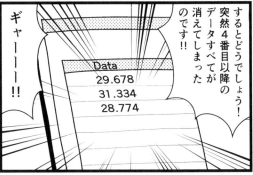

するとどうでしょう！突然4番目以降のデータすべてが消えてしまったのです!!

ギャーーー!!

Data
29.678
31.334
28.774

完全にバグじゃねーか！

すぐ直して!!

こわーーー。

ファームウェアの世界では、メモリ管理はまだまだ重要な課題です。コストの関係上、限られたメモリ量しか使えませんから、メモリの全番地でみっちり用途が決まっています。それゆえ、メモリの使い方を変えるのはとても大変です。下手をするとこれまで作ってきた機能が軒並み動かなくなります。単に動かないのならわかりやすいのですが、微妙に演算値が異なるとか、発覚しにくいバグにも繋がります。

気づきづらい問題

コーハイさん、このところアームチェッカープロジェクトから離れて、既存製品である「レッグパワーCS2」の機能追加を実施していました。アームチェッカーも火の車ですが、既存の主力製品に対する対応も、優先度高く対応せざるを得ません。何とかレッグパワーの新バージョンを出荷し、アームチェッカーの作業を再開したその矢先、品質保証部門のヒンシツさんが慌ててやってきました。

 レッグパワーの新バージョン、顧客から値がおかしいという問い合わせが来ているの。そちらでも確認してもらえる？

 ええ？ 出荷前に何度も確認したっスよ。測定値の移動平均がおかしい？ そんなところ触っていないんだけどなあ……。

再開したアームチェッカーも気がかりですが、顧客からのクレーム対応なら致し方ありません。移動平均の検算をすると、確かにちょっとだけ値が違います。さらに突き詰めていくと……。

 しまったー！ 新機能を追加した際、どうしてもメモリ領域が足りず、1バイトだけずらしたのが原因だ。平均を取る際のデータがずれている！

不幸中の幸いというか、測定データ自体は正しく測定・保存ができているので、平均値計算だけの問題のようです。顧客も改めて測定をし直す必要はなく、残っている測定データを基に再計算するだけでよさそうです。品質保証部門とも相談し、対象の製品を顧客から回収し、こちらで修正して返すことにしました。これで一件落着かと思ったのですが、またまたヒンシツさんが慌ててやってきました。

 ちょっと大変！ 回収したお客さんのレッグパワー、修正版のファームにアップデートしたら、動かなくなったわよ！ 事前にデータ保存ツールで読み出したデータをアップデートした後に書き戻したけど……。

 あー！ 社内用のデータ保存ツール、新しいメモリ構造に対応していなかったっス！ 正しくデータ保存できていないのに、書き戻したので……ヤバイ。

大変です。お客さんのデータを壊してしまったかもしれません。恐る恐る顧客に確認したところ、製品用のデータ保存ツールは正しく新メモリ構造に対応できていたので、データは問題なく保存できていたようです。

とりあえず今回の件は何とかなりましたが、市場での問題は残ったままです。

 レッグパワーの新バージョンは出荷停止！ すぐに販売を通じて回収し、対応取るわよ。社内ツールの修正もよろしく！

コーハイさん、まだしばらくアームチェッカーには戻れなさそうです。

//

メモリは常に足りていない

PC上のアプリケーションは、C#やPythonなど、比較的後発の新しい言語で作ることが多いと思います。これらの言語では、ガベージコレクションの機能を備えているため、メモリの解放忘れやバッファオーバーランといったことを、ほぼ気にかける必要はなくなってきたといえます。メモリのことを心配しなくていいのは、精神衛生上もよいことですよね。しかし、組み込みソフトウェアでは、そんな素敵な最新言語は利用できません。いまだにCやC++が主流ですし、当然メモリの管理は開発者自身が行うことが基本です。

しかも、メモリは潤沢にあるわけではなく、コストをギリギリに詰めた最低限の容量しかありません。プログラム間で領域をシェアしたり、ギャップを詰めたり様々な工夫を凝らして、何とか必要最低限の領域を確保します。データ領域をシェアして利用している場合、1byteアドレスを間違ってもフリーズしたりはせず、一見正常に終了するため、発見の非常に難しいバグとなります。

 うー足りない。この機能を追加するにはどうしても1byte足りない。メモリ全体の使い方を見直して1byte分どこからか持ってくるしかないなあ。でもメモリ構造変えたくないんスよねー。

隣のメモリにも似たような値が入っている

　例えば、あるアドレスに10個のデータが格納されており、本来3番目のデータを参照して計算するアルゴリズムがあったとしましょう。そこに何らかのミスでなぜか4番目のデータを参照して計算するバグが入り込んだとします。この場合、実はデータアドレスの4番目にも、それっぽいデータが格納されているため、それなりに計算が問題なく終了してしまいます（計算結果は間違っているけど）。そのため、正常に終了しているけど実はバグですという、とても気づきにくいケースとなります。

　「でもそのバグの場合、10個目のデータを参照するときには、1つ次の11個目を見るわけだから、結局どこかでMemory Violation起こしちゃうんじゃないの？　一発でシステムフリーズしてすぐわかる気がするけど……」と思うかもしれません。しかし、組み込み機器の場合、データ領域はまとめてあり、その11個目にあたるメモリにはまた別のデータを詰めて格納しているケースが多いです。結局また違う値を使って無事計算され、正常終了はするもののやっぱり計算結果は間違っているという状況となります。

　何しろきちんと正常に終了しますから、アルゴリズムを知っている人でないとバグかどうかわかりません。アルゴリズムから正解の検算表を作成し、丁寧に検算することでしか発見できないでしょう。下手をすると品質保証でも気がつかず、残念ながら

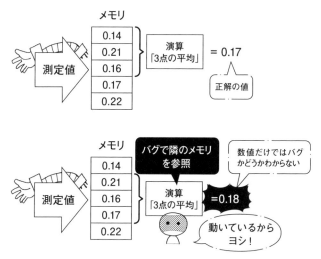

■図　演算の不具合はわかりにくい

117

実際に市場に出た後にユーザーから指摘され、せっかく発売したのに全数回収ということにもなりかねません。機器に対する信頼性の低下や、ビジネス面での大きな打撃に繋がります。

メモリの使い方が変わると不具合が発生しやすい

　特にバージョンアップを行う際には要注意です。機能追加によってメモリの使い方が変わるケースも多くなりますから、気づかない演算バグが忍び込んできます。またメモリの使い方の変更点がちゃんとドキュメント化されておらず、プロジェクトに関わる全員が正確に把握できていない場合、いろいろなところで問題が発生します。

- 品質保証で問題が発生（品質テストで使うツールが未対応だった）
- 生産で問題が発生（生産時に初期データを書き込むツールが未対応だった）
- 顧客サービスで問題が発生（データを吸い出すツールが未対応だった）

　ここが失敗のポイントです。**メモリの使い方に伴う機能の点検をおざなりにしてしまった**ため、市場で不具合が発生しました。特に、演算に関する不具合は大問題です。ユーザーからしてみれば機器の動作に信頼が置けないため、作業を大幅に巻き戻さねばならない可能性も出てきます。状況次第でユーザーに大変な損害を与えかねません。

地道に点検するしかない

　この問題は丁寧に点検していくしかありません。前述した通り、アルゴリズムの部分はしっかりと検算を行うこと、そしてやはりメモリ境界での点検が重要です。

- ブロック境界周りのテストを丁寧に行う
- メモリ内の論理的なブロックにはチェックサムを設けて、壊したらすぐわかるようにしておく

- 読み出し、書き込みだけではなくて、初期化時にも間違ったアドレスを初期化していないか確認する

- コードに対して静的解析やフロー解析をかける

- メモリ仕様変更時には変更部分を他の人にレビューしてもらう

　「いまどきメモリなんてめちゃめちゃ安くなっているんだから、ケチケチせずに16Gとかバーンと積んじゃえよ！」と思うかもしれません。しかし、100円や200円程度の原材料費UPが大きな痛手となる商品もあり、いまだにメモリ管理は重要課題なのです。

　残念ながらメモリ管理に王道はありません。メモリの使い方を記したメモリマップを作り、注意深くコーディングをし、境界でテストし、コードレビューを行い、できるだけ早期に課題を発見してつぶしましょう。面白味も何もありませんがそれがベストなのです。メモリ管理を侮らないことです。

まとめ

失敗 メモリの使い方変更に伴う不具合が発生。市場問題に繋がった

回避策❶ メモリマップを最新に保ち、関係者に共有する

回避策❷ メモリ変更に関連するアルゴリズムの検算を行う

回避策❸ 変更部分のレビューを行い、メモリ境界でのテストを十分行う

20

つい自分でやってしまう「経験値泥棒」

人は経験しないと成長しない

お客様もうカンカンですよ。

ハイすぐに原因を探って対策を。

今週中には一報入れたいので、よろしくお願いします。

若い頃のハルさん

というような経験をしたおかげで、

今はもうちょっとましな設計ができるようになったのよ。

なるほど。それで今コーハイさん、

どうなっているんですか？作成したデータが全部消えました!!

うぇぇぇぇぇぇ……。

ユーザにどう説明したら……。

販売から緊急会議の依頼が……。

良い経験を持たせようと暖かく見守っているんですね!!

ちょ、ちょっとまって。それ知らない……。

ものすごくヤバイよ。すぐ行く!

ソフトウェアはどんな作り方でも何かしら動くものは作れます。しかし設計が悪いと、非正常系の動作で多くの問題が出たり、パフォーマンスが悪かったり、メモリを食い荒らしたり、機能追加が簡単にできなかったり、様々な困難にぶち当たります。書籍や論文でよい設計の例、設計パターンなどが紹介されていますが、実際に自分で手を動かしてみないと「悪い設計」の痛みがわからないものなのです。

120

俺がやったほうが早いから

ハルさんのチームは週に一回、進捗報告会を実施していますが、最近アームチェッカーの進捗が芳しくなく、技術的な課題もありそうです。

 今週は予定通りにコーディングできたっス。通信周りで時々妙な動きするんで確認中ですけど。基本大体ちゃんと通信できるっス。

 時々妙な動き？ ちょ、ちょっと後で詳しく話を聞かせてもらえるかな？

　直観的に嫌な予感がしたハルさんは、コーハイさんの設計を見ることにしました。確かに大体期待通りの動作をするのですが、ごくたまにパケットがロストしています。デバッグをかけてみると、どうもスレッドの管理がずさんで、複雑な状況になりすぎています。スレッドが林立することで不具合時の再現も難しく、問題点を把握することも困難です。

 ちょっとこんなにスレッドは立てずに、同期でいけるところは同期でシンプルに設計したほうがいいよ。デバッグできないもん。

 そうっスか？ パケットロスはネットワークではありがちなんで、そういうもんっスよ。

 いやいやいや、これUSBでも起きてるじゃん。うーん、ちょっと俺のほうで設計見直してみるよ。

　どうにも嫌な予感がぬぐえないので、結局ハルさん自ら設計を見直すことにしました。できるだけマルチスレッドにはせず、同期でできるところは同期処理を行い、シンプルな構造にしたところ問題の発生は収まったようです。

 ありがとです！ また設計内容チェックしておくっス。

　と言いつつ、コーハイさんも業務多忙につき、修正されたコードを見ている余裕はありません。せっかくハルさんが見直した設計を十分学ぶこともなく、次のタスクに取り掛かっています。

プロジェクトの課題は解決したけど、これでよかったのかなあ。自分のタスク
も遅れちゃったし……。

　確かにこのままだとコーハイさん、次のタスクでも調子よく無駄に複雑な設計をし
て、いらぬ課題を生み、大量の不具合を呼び込んでしまいそうです。
　とはいえ、毎度ハルさんが手直ししていてはプロジェクトが回りません。その場で
は自分がやったほうが早いと思ったのですが……。

悪い設計がすべての災厄を呼び込む

　これまでの失敗エピソードでご紹介した通り、悪い設計からは様々な問題が湧き上
がります。仮に仕様が正しいとしたら、ほとんどの問題は設計に起因します。例えば
次のようなものです。

- 大量の不具合が発生する（例外処理がおかしいか想定できていない）

- 状況によって動作が一定しない（状態遷移が怪しい）

- バグが取りきれない、バグを修正しても新たなバグが発生する（アーキテクチャ崩
  れやコピペ被害）

- パフォーマンスが悪い（無駄な処理、無駄なデータアクセス）

- 機能追加が難しい（機能が設計で切り分けられていない）

- ゾンビ（メモリやリソースの未解放）が多発する（インスタンスの生死がコント
  ロールできていない）

　正直設計を見直したほうがいいよね、コレ……となります。筆者自身、実際にアー
キテクチャから見直して作り直したことは一度や二度ではありません。
　これらの「悪い設計」は事前に気がつけばまだいいほうで、気づかずに世の中に出
てしまうと様々な市場問題に繋がります。修正するにも一筋縄ではいかず、膨大な労
力やコストがかかりますし、最悪の場合、顧客から「お前んとこのソフトは品質が悪

い！もー使わん！」と愛想を尽かされ、事業全体に大きな影響を与えてしまうことも
あります。

自分で手を動かさないと設計力は低下する

とはいえソフトウェアアーキテクチャに関する書物や、デザインパターンに関する
書物をひも解いても、いまひとつピンとこないこともあるでしょう。何というか知識
としてはわかった気になるのですが、それだけで「よい設計」ができるような気がし
ないのです。結局設計力は、**「正しい知識」と共に「経験」から学び、体で覚えた匠の
技**なのです。

自分で設計しない技術者

実は大企業でソフトウェア開発を行う場合、この貴重な「経験」を得ることが難し
いのです。きっちり部署と役割が分かれていて、開発した人は市場に出した後はサ
ポートしない（次の開発に取り掛かっている）とか、要件・設計・実装のすべてを外
注しているので、自分ではソフトウェアがどうして動いているのか全くわからない
（何か問題があったら外注先に依頼するだけ）というケースも多いでしょう。これでは
設計を学ぶチャンスがありません。

手を出しすぎる、デキル先輩

また優秀な先輩技術者が見かねて「俺がやる」と手を出してしまうのも問題です。先
輩技術者にしてみれば自分でやったほうが早いし、よい設計ができるに決まっていま
す。プロジェクトの遅れが深刻化する中、任せていてはいつになったらできるのかわ
かりません。よし！ここは俺が一肌脱いで……というのはプロジェクトとしては前に
進んでいるように見えて、その実、組織としては技術力の低下を招いています。プロ
ジェクトとしても、デキル先輩が律速となり、最終的には遅れに繋がります。

 だってもう相当遅れが出ているので、正直これ以上待っていられないよ。コー
ハイにアドバイスはしているんだけど、ピンときていないようだし。やっぱり
もう俺が作っちゃうかなぁ……。

ここが今回の失敗のポイントです。若手技術者が自分で手を動かす機会がなく、先

輩技術者が課題を取り上げ、外注や派遣さんをマネジメントするだけの業務をさせていたら、そのうちよい設計のできる技術者は誰もいなくなります。ソフトウェアの設計品質もわからぬまま市場にリリースし、問題が起こっても自分では何ともできません。何かあったら外注先に丸投げするしかないような、とても開発部署とは言えない組織になってしまうでしょう。

目の前のプロジェクトを成功させることは重要ですが、そのために**技術者の成長する機会を奪うような進め方**では、先がありません。

設計力は経験からしか得られない

元FacebookエンジニアのEvan Priestleyさんが「どうやってプログラミングを学んだかを教えてください」という質問に答えている内容が、とても参考になり共感できます。下記は私が勝手に翻訳したものなのでぜひ元の文章を読んでニュアンスを確かめてみてください（※1）。

> 私が開発力を養うために最も役に立ったのは、「よい判断力」だと思う。プロとしてプログラミングをしていた最初の2〜3年は、システム設計で多くの「悪い決断」をしてしまっていた。だがFacebookに採用されるころには十分な経験を積んでいたので、自分で行った設計のほとんどで単純さと洗練さの適切なバランスが取れていたし、他のエンジニアの作ったシステムの問題点をかなり確実に見つけることができた。この力は鍛えることも教えることも大変に難しいが、非常に価値があるものだ。私が知る限り、「よい判断力」を向上させる最良の方法は、自分が設計したシステムの保守を、その要件が変化するぐらいの長期間にわたって、強いられることだ。

この言葉にある通り、自分で作ったものを市場にリリースし、市場からの反応を受け、不具合を自分で手直ししていかないと、実際にはよい設計に対する理解や判断力は育たないのだと筆者は思います。

※1　https://www.quora.com/How-did-Evan-Priestley-learn-to-program より抜粋

自分の作ったソフトの不具合を直したり、市場要望に応じてちょっとした新機能を追加したりするたびに、「あー俺ってばどうしてこんな設計にしたんだろう。ちょっと一年前に戻って自分に説教したい！」と思うことでしょう。そういう経験をしないと「よい設計の勘所」を身につけることは難しく、またリーダーに必要な「悪い設計をかぎ分ける嗅覚」を鍛えることができません。

 自分たちで手を動かすところは戦略的に決めましょう。自分たちの事業を優位に立たせる「コア技術」を手放さないように、注意深く技術力の確保と人材育成の観点を持って判断しましょう。

技術者なら手を動かし、要望に応える

　もし自分のソフトウェア設計力を上げたい、今後もソフトウェア技術者でやっていこうと思われるのでしたら、ソフトウェアの一部分だけでもいいので自分の手で設計し、自分でコーディングし、市場に出した後も自分でメンテナンスするチャンスを作ってみてください。業務上どうしてもその機会を作ることが難しいのなら、趣味のフリーウェアを作って世の中に出し、いろんな方に使ってもらい意見を集めることも、よい経験に繋がります。

 失敗 ：ベテラン技術者が手を自分で下し、若手が育たない

 回避策 ：若手自身で設計や実装、市場問題対応を経験する機会を設ける

21

修正が新たなバグを生む「バグ無間地獄」

バグの症状だけを見て対症療法する

実装を進めていけば必ずバグが出ます。どんなに優れた技術者でも、誰かの作った部分と処理がかみあわずに、不整合が発生するものです。仕様や約束事がうまく通じていなかったり、どこかでアーキテクチャに沿っていない実装がなされていたりで、なかなかすんなりとは動きません。そんなとき、時間がないからとバグの症状だけを見て対症療法を行うと、後々さらに問題の大きなバグに化けることがあります。

終わらないバグ修正

アームチェッカーもようやく全機能の実装が完了し、品質保証部門での出荷前評価を実施しています。ところが評価途中にもかかわらず、すでに想定の倍以上の不具合が発生しています。進め方を見直したり、評価人員を追加したり、バグ修正の助っ人を頼んだりしているものの、バグは増えていく一方です。コーハイさんも毎日できるだけ多くのバグを修正しようとしているのですが……。

 測定デバイスにデータファイルを渡したとき、最後の1行だけが読み込めないバグ、確かに直っているけど、今度は設定データの読み込みで失敗するわよ。

 ええ？ おかしいなあ。設定データは触ってないけどなあ。これ以上このバグに付き合っている時間はないけど、うーん仕方ない。

コーハイさん、新しく発生した設定データの読み込みバグも、不具合の発生している箇所を確認し、さっさと修正してしまいました。時間も限られているため、急いで次の大きな不具合に取り掛かっていたのですが……。

 ちょっと！ 今までなかった不具合がアプリのほうで出ているわよ。何か変なことしたでしょ。

 言いがかりだなあ。アプリなんて触ってないっスよ。どこで出てます？ 設定ファイルの読み込み？ ……あ。

コーハイさん、実は先ほどの設定データの読み込みバグを修正するために、設定データファイルのフォーマット自体を変更してしまいました。この設定データファイルはアプリでも利用するため、フォーマットを変更したことで、アプリで動かなくなってしまったのです。

アプリを新フォーマットに対応させるのも一案ですが、そもそもアプリは業務委託して社外のベンダーに作ってもらっています。それでなくてもアプリも想定以上のバグがあふれていますし、今から委託先に追加費用のかかる変更をお願いするわけにはいきません。それどころかフォーマットを変えることで、アプリに新たな不具合を誘発する可能性もあります。

コーハイさん、しぶしぶデータフォーマットを元の状態に戻し、再度バグ修正を実施することにしました。1つでも余分にバグ修正をこなしたいときなのに3つも4つも手戻りが発生してしまいました。それどころかアプリのほうも追加評価で余計な工数がかかっています。

 一番手間のかからない方法で修正したのに、10倍以上の手間がかかることになってしまった……。大失敗っス。

///

バグ修正がバグを呼ぶ

多くのソフトウェア技術者にとってデバッグは面倒くさくて、やりたくない作業の筆頭です（中にはデバッグが一番楽しいという人もいますが）。最近は開発環境やエディタに、バグを防ぐAIサポートがついており、簡単なミスはほとんど発生しなくなりました。しかし、それゆえ逆に根が深く、いやらしいバグが悪目立ちするようになりました。バグの原因探しは面倒だし、1つのバグだけにこれ以上時間もかけられない……そんな場面では、つい、簡単な方法でバグ修正を済ませてしまいがちです。

これが今回の失敗です。バグに対して**対症療法的な変更を行った結果、新たなバグを呼び寄せ、想定の数倍時間を使ってしまった**のです。新たなバグもまた対症療法的に変更すると、またさらに別のバグが増えるという状況が続き、結果的にリリースを延期せざるを得ない事態になります。最初から面倒くさがらずにちゃんと分析して原因に対処していれば……。

これはいわゆるサイドエフェクト（副作用）というやつです。バグ修正のサイドエフェクトには十分な注意が必要です。こんな副作用が出るならバグを直さないほうがよかった……ということもあります。副作用には次のような事例があります。

1. ファイルの読み込み不具合のため、ファイルの最後に改行を入れて保存するように変更したら、どこかでクラッシュするようになった（勝手な仕様変更）

2. データファイルの一部が仕様と異なっていると思ったのでファイルを修正したら、他の関数から読み込めなくなった（仕様の理解不足）

3. パラメータの値によって発生する演算バグを修正したら、その演算を利用している他の処理で問題が発生した（バグの再利用）

4. ある処理の不具合を修正したら、正常に動いていたはずの別の処理で不具合が発生した（アーキテクチャ崩れ）

5. AとBという2種類の機器が繋がるアプリにおいて、Aを繋いだときに発生する不具合を直したら、Bが動かなくなった（すり合わせ問題）

6. コードを修正したが、実はバグではなかった（仕様書のバグ、もしくは仕様書がない）

　意外と6のケースもよくあります。バグではないのに動作を変更してしまい、その結果バグになるという切ない話です。システムの動作としてどうあるべきか、チーフアーキテクトや関係者間で合意を取っていくしかない場合もあります。

修正の影響範囲がわからない

　バグの多くはソフトウェアの仕様や構造が理解されていないために発生します。本質的にバグがどこで発生しているのか、修正のためにはどこを直すべきなのか、直したときの影響範囲はどこまでか、ということを十分把握していないと様々なサイドエフェクトに遭遇します。

　特に、ソフトウェアアーキテクチャ自体が悪い場合や、アーキテクチャが実装者に理解をされず崩れている場合などに、サイドエフェクトは多発します。

　各機能でロジックが一貫していない、コピペで似たような（ただしちょっとだけ違う）機能が大量にある、グローバル変数などに頼っていて影響の範囲がつかめない、というような状況なら、すでに悪いパターンにはまっています。

　中でもコピペは致命的です。何しろ一か所直しても全部は直らない、かといってコピペ部分すべてに同じ修正を適用したら別のバグが出る（コピペごとにちょっとずつ違うので、同じ修正では直らない）という具合で、いつまでたってもバグが収まりません。

ブロック図を描こう

　こんな地獄を招かないために、まずアーキテクチャを設計し、図にしておくことが大事です。図はUMLなど厳密なものでなくても構いません。手書きでいいので、とにかく図にしましょう。

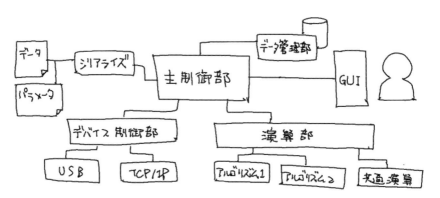

 図　手書きの機能ブロック図

　図はアームチェッカー用アプリの機能ブロック図です。図のクオリティは置いておいて、言いたいことはわかりますよね。こんなテキトーな図でも、あーアルゴリズムはいくつもプラグインできるようになっているのねとか、共通演算は同じプラグインでまとまっているのでそっちを使うのねとか、デバイス制御は通信方式によらず、同じように見えるのねとか、様々な設計意図を理解できます。もし共通演算部を修正したら、アルゴリズム全体に影響ありそうだなーという想像もできます。機能とその関係性がわかるのが重要です。特定の箇所を修正した場合、どの範囲まで確認しないといけないのかが、ピンとくるようになります。

　　まずバグの原因を突き止め、その原因に対して修正を行うことが原則です。その修正によってどの機能にまで影響が及ぶのかを図で確認し、問題が出ないかどうかをテストします。

アーキテクチャを共有する

当然、図は描くだけではだめで、共有して利用しないといけません。各機能の実装担当者がそれぞれの考えでコーディングやバグ修正を行うので、放っておくとアーキテクチャは簡単に崩れます。図を描いたら、説明会を開くのが効果的です。全員が同じ図を共有できていれば、バグ修正時のサイドエフェクトも少しはましになるでしょう。バグの発生頻度も下がるかもしれません。

また図も最初から完璧を目指さず、一旦30分ぐらいでクイックに描いて共有し、随時詳細化や細分化を進めていくとよいでしょう。まずは図を描く敷居を下げることが重要です。どうせ最初から完璧を目指しても、プロジェクトを進めるうちに、構造の欠陥が見えたり、変更の必要性が出てきたりするものです。そして図は常に最新版を全員が共有できている状態に保ちましょう。図を改定したのであれば、改めて説明会を実施することも必要です（サーバに置いたから共有できている、と思い込むことは1つの失敗の形です）。

まとめ

失敗 バグに対して対症療法的な変更を行ったため、新たなバグを呼び寄せ、結果的にリリースの遅延を招いた

回避策❶ アーキテクチャ図、ブロック図を作成し共有する

回避策❷ バグ修正は真の原因に対して行う

回避策❸ バグ修正の影響範囲を確認し、十分なテストを実施する

Episode

22

今がすべて「動けばいいじゃん症候群」

グローバル変数は先々必ず問題を起こす

様々な人が実装を行うプロジェクトでは、すべてがリーダーの思い描く理想のインプリメントにはなりません。リーダーがすべてのコードをレビューして修正すればよいのでしょうが、それではリーダーの処理能力が律速になり、複数人で開発している意味がありません。その一方、理想的なアーキテクチャを描いても、いつのまにやらこっそりと古の禁じ手「グローバル変数」が使われていたりします。

""つい使いたくなる魅惑のグローバル変数

　アームチェッカープロジェクトは様々な課題や失敗もあり、結局不具合が当初想定の倍に膨れ上がってしまいました。日々懸命に不具合を修正しているのですが、それにもかかわらず、課題は増えていきます。

 やればやるだけ課題が増えるって、何か非常にまずいことが起こっている気がする。やっぱりコードをレビューするしかないなあ。

　ハルさん、大変な状況ですが腹をくくって、コードレビューを実施しました。すると次々とコピペされた類似関数や、数百行ある関数、大量のグローバル変数など、よくない構造が見えてきました。

 何だこりゃ。むしろよくこれで動いているなあ。変に感心するわ。特にグローバル変数はいつの間にこんなにできているんだ？

 す、すみません。最初は急いで実装するために、1つだけ測定状態を示すグローバル変数をつけたんスけど、気がつくとみんなが真似して、いつの間にか数十個に増えたという……。

 絶対ダメ！ 大体そのグローバル変数は測定状態を正確に示せている保証はあるの？ いつでも誰でも外から書き換えられるのに。

　今からすべてのコードを解析してグローバル変数の動作を確認するのは現実的ではありません。とはいえ構造を作り直すのもかなりの手間です。

 うう。仕方ない。このままの構造で不具合が収束すると思えない。作り直し作業の日程を見積もって、カチョーと相談だ。

　これは大変です。それでなくても日程はひっ迫しているのに、ここへ来て作り直しなんて。基本構造に関わる部分ですから、慎重に設計し直す必要があります。どう見積もっても1か月、いや修正の影響範囲によっては2か月必要かもしれません。

わかりました。一旦すべての作業を止めて、構造を見直すことにしましょう。とはいえすべてを作り直すわけにはいきませんから、制御部分のみ見直すことでいかがですか？ それでも1か月はかかるでしょうから、リリース日を遅らせることができないか、販売とも相談しましょう。

　ここで残念ながら遅れが確実となってしまいました。とはいえアームチェッカーの導入を予定しているC社のライン稼働日は変えられません。果たしてよい解決策はあるのでしょうか。

//

なぜグローバル変数は禁じ手なのか

　そもそもなぜグローバル変数は使ってはいけないのでしょうか。プログラミングを始めたばかりのころは便利な仕組みだと思いますよね。言語仕様として許されているのなら使ってもよいのでは、と思うかもしれません。

　グローバル変数の弊害は、簡単に言うと下記のようなものがあります。

- 意図しない動作になる（どの関数からでも勝手に使えるので、知らないうちに値が変わっている）
- 関数やクラスの再利用が難しい（この関数が、どこにあるどのグローバル変数のどんな状態に依存しているのか不明）

　グローバル変数の状態によってソフトの動作が異なるため、発生した不具合を再現しにくかったり、原因を見つけにくかったり、悪影響しかありません。

クラスの static メンバ変数＝グローバル変数

　読者の方の多くは、これらグローバル変数の弊害についてよくご存じのことと思います。筆者も過去の遺物だと思っておりました。しかし、実はいまだにグローバル変数を使ったコードを目撃するのです。

例えば、以前出会った衝撃のコードがこちらです（イメージが伝わるように筆者が再現した例です）。

```
class session_manager
{
public:
    static unsigned int m_print_count;
    static unsigned int m_error_count;
    static unsigned int m_error_number;
    static unsigned int m_instance_number;
    static unsigned int m_memory_access_count;
    static unsigned int m_session_number;
    static unsigned int m_busy;
    static unsigned int m_polling_count;
    // 以下50個ぐらいのpublicなstatic変数が続く
```

何がどう衝撃なのか、C++のソースコードを読みなれていない方に少しだけ説明しますと、クラスのstaticメンバ変数というのは、通常のメンバ変数とは異なり、グローバル変数と同じく静的変数用メモリに確保されます。つまりインスタンスが生成されたとき、そのインスタンスのメモリ中（オブジェクト中）に変数が存在するのではなく、クラスとして1つだけ存在します。

どういうことかというと、オブジェクトの生死に関係なく、プログラムの最初から最後まで何らかの値を保持して生き続けるのです。そうです。お気づきの通り、これではグローバル変数を使うのと同じです。しかも、この例ではpublicにされているので、外部から session_manager::m_print_count という形で変数をいじり放題です。

前述の通り、クラス外から自由自在に利用可能なstatic変数を利用しまくって作られたプログラムは、予測不能な危険でいっぱいです。もしこのプログラムがきちんと動作しているのであれば、その変数が使われていないか、いまだバグに出会っていないかのどちらかでしょう。

これはクラスの体裁をしているものの、全くカプセル化されていない、オブジェクト指向とは名ばかりの「なんちゃってクラス設計」です。少なくともメンバ変数はprivateにして、アクセッサをつける必要があるでしょう。

ここが失敗のポイントです。このような「なんちゃってクラス設計」でグローバル変数の使用を許し、**アーキテクチャ構造を越境する抜け道を作ってしまった**のです。その結果、とんでもない数の不具合が発生しました。また修正をしても、その修正変

更の影響で新たな不具合が増え続けることになります。結果、大規模な作り直しを余儀なくされ、取り戻すことのできない大幅な遅れに繋がったのです。

 不具合の発生が止まらない！ ……と思ったらまさかの大量グローバル変数！ これは元から絶たないと次々に不具合が増える一方だぞ。どうしたらいいんだ……。

壊れやすい内部品質

　こうしたアーキテクチャ崩れは、ソフトウェアを委託開発する際にも注意が必要です。そもそも、なぜ委託開発をするかといえば、自分たちで作る時間がないというのも理由の1つです。そのため、当然設計やコーディングは委託先にお任せとなります。絶対このアーキテクチャを順守してねとお願いしても、残念ながら内部品質を置き去りにしたコードで納品されることがあります。また少し抽象的で難しい依頼（インターフェースに汎用性を持たせてほしいとか、あとから拡張できるようにしてほしいとか）をした場合、その自由度を持たせるため、安易にグローバル変数や、アーキテクチャを無視した実装で納品される確率が高まります。

　委託先としても限られた時間とリソースの中、契約内容を実現するためには、最短で機能を実現できる方法を取らざるを得ない、という実情もあるでしょう。とはいえ、仮に動作したとしても、グローバル変数を利用したコードは後々メンテナンスや機能を追加する段階で困ることになります。どこでどんな値が書き込まれているのか全くわからないグローバル変数は、後から利用することができない、いわゆる「保守性」が悪いコードです。

　委託先のコードをコントロールすることはできませんから、アーキテクチャ順守など内部品質に関する取り決めも、あらかじめ取り交わしておく必要があるかもしれません。

経験のある人材が頼り

　納期が迫って時間がない中、禁断のグローバル変数ファミリーに走ってしまう気持ちもわからなくはないのですが、いずれここから不具合が出てきて修正を余儀なくさ

れるでしょう。その結果構造を根本的に見直さざるを得なくなり、結局一から作り直すことになります。グローバル変数を使うことは自分で自分の首を絞めるための準備を着々と進めているようなものなのです。

　こうしたアーキテクチャ崩れを起こすような実装を防ぐために、飛び道具的な解決方法はありません。しっかりとアーキテクチャを設計して図に起こし、設計思想を書き留め、メンバーと共有して順守することが基本です。その上で、アーキテクチャの基礎となる部分を経験のある技術者が設計する、プルリクエストのように随時コードレビューをする、コーディングルールを決める、設計の教育を行うといったことが重要です。何とも地道ですが、**結局のところ作る人がどれだけ知識を持ち、経験を積んでいるか**がポイントです。それゆえベテラン技術者は若い技術者が自ら設計し、日々の業務の中でよい経験、よい学びがあるように場を整え、自分の持つ**匠の技を伝承し若手を育成する**ことが大事です。今のプロジェクトだけでなく、長い目で見てチーム、組織の設計力を高めていくことが重要です。

まとめ

失敗 ： グローバル変数等によるアーキテクチャ崩れを見逃し、想定以上の不具合が発生。全体構造の作り直しによる大幅な手戻りでリリースが遅れた

回避策❶ ： アーキテクチャ図と設計思想をチームで共有する

回避策❷ ： 経験のある技術者で基本設計をし、実装は随時レビューする

回避策❸ ： 設計教育の実施、若手に実務による設計経験を持たせる

Episode

23

チームを守れない「ノンポリリーダー」

政治に無頓着では生き残れない

プロジェクトを通じてメンバーの結束も高まり、協力しあうことで問題を解決できる、よいチームになってきたと思ったそのとき、無情にもチームの一人が転勤になりました。えー！ そんなことってある？ 突如プロジェクトが暗礁に乗り上げます。組織では様々な思惑が動いているため、漫然と上長の指示にしたがい組織の政治に無頓着だと、思わぬ状況に巻き込まれてしまいます。

138

上司の見えざる手

　少し時間をさかのぼり、アームチェッカープロジェクトが始まる前のことです。ハルさんのチームにシンジンさんが入る前、ミナライさんという若手技術者がいました。ミナライさん、プログラムについては全くゼロからのスタートでしたが、ハルさんやコーハイさんの指導と教育のもと、めきめきと頭角を現してきました。次第に複雑な設計も任せられるようになり、次のアームチェッカープロジェクトではコーハイさんとタッグを組んで、システムの設計からやってもらおうと画策していたのですが……。

 ミナライさんじゃが、4月からフランスに行ってもらうことになった。現地で新しいプロジェクトをリーダーとして立ち上げてもらう。

 ええ！ ちょっと待ってください。4月ってあと2か月しかないですよ。すでにアームチェッカーの日程もミナライさんありきで組んでいますし。

 これはミナライさんにとってよいチャンスなんじゃ。

 いやでもせめて代わりに1名追加していただかないと、アームチェッカーが回らないですよ。

 わかった。1名何とかするわい。

　ハルさんにとっては寝耳に水です。ミナライさんに聞いても、急に決まったとのこと。何しろミナライさんは、ソフトウェアについて何も知らないところから、時間を割いて丁寧に技術を教えてきた大事なチームメイトです。やっと一人前の戦力となり、これからアームチェッカーで活躍してくれると期待していたのに。

 1名欲しいと言っておったな。何とか新卒採用者から1名確保したぞ。ハルくんに任せる。頼んだぞ。

 えええ！ いやいや新人もありがたいですけど、設計できる人材はいないのですか？ ……はあ、そうですか。

　まさかの新人！ 設計できる技術者が1名減った上に、さらに教育が必要な人材が

入ってきます。新人さんが設計できるようになるまで、ハルさん、コーハイさんの時間がまたしても奪われます。アームチェッカープロジェクトは始める前から大ピンチが確定です。いやむしろ始める前でよかったかもしれません。ハルさんはしぶしぶ新メンバーでの日程見直しを始めました。

//

うまくいったチームほど壊される

　一見不可能に思えたリリース日程。これまでメンバー全員で知恵を絞り、様々な工夫を行ってきました。作業を効率化し、自動でできるところは自動で行い、ポカミス除けを作り、削れる作業は削り、削れる機能はステークホルダーに頭を下げまわって削り、それでも足りないところはプライベートな時間を削ることで、何とかリリースまでの道のりが見えてきました。素晴らしい！ですがそのとき、大切なメンバーに転勤の指令が下ります。な、何で今？？？

上司の見えないミッション

　全くの寝耳に水です。ソフトウェア開発にとって人が抜かれるということは単に一人分実装が遅れるということではありません。抜かれる人材によってはプロジェクトを断念せざるを得なくなります。その人でしかできないことも多いからです。上司という生き物は全く開発チームというものを理解していないのではないか、と勘繰りたくなります。

　実はあまり理解されない事柄ではありますが、上司にもミッションがあります。これが上の役職になるほど無理難題、解決困難な課題を持っているものです。例えば、

- 予算も人員も増やさず、売り上げを前年度20％アップする方策を考える

- 突如今年度の売り上げに繋がる重要案件を追加で任される（もちろん今実施中のタスクはそのまま継続）

- エース級の〇〇君が別部署に引き抜かれるので、対策を考える

- 今までにないビジネス案を考えて提案する（今週中に）

- 新製品が全く売れていないので、予算を補填する方策を考える（明日までに）

といったミッションが結構頻繁にやってきます。一般社員からは見えないところで会社に大きな問題が起こっていて、組織の全体最適を図らねばならないこともあるのです。

　これらは会社自体の存続に関わる課題ですから、巡り巡っては社員全体の雇用を守ることに繋がります。

 特に人材に関わることは、おいそれと一般従業員に相談するわけにはいきません。依頼や無理難題が急に降ってきたように思われるでしょうけど、管理職のみんなでたくさん悩んで議論して決めたことではあるのです。

上司の見ているスコープの違い

　上司は1つのプロジェクトだけを見ているわけではありません。会社すべてのプロジェクトを成功に導く使命があります。もし仮に非常にうまくいっているチームがある場合、そこからナニカを引っこ抜いてうまくいっていないプロジェクトを助けられないか考えます。火を噴き、血を流しているデスマーチプロジェクトに誰を移したら助かるのか、あるいは期待の新プロジェクトを成功させるために誰が適任か、さらにはうまくいっているプロジェクトの予算を他の遅延プロジェクトに充てることでリカバーすることはできないか、など日々様々な組織課題を解決するための検討を行っているのです。

　うまく回るチームには様々な理由がありますが、当然一番の肝は人材です。そのため、上司も人材を右から左に移そうとします。一方、チームとしてはキーとなる人材を引き抜かれては立ち行きません。これまで工夫に工夫を重ね、苦労に苦労を重ねて、やっとよい成果物が出せるようになったのに、キー人材を引き抜かれるとすべてが水の泡です。

　いっそのこと、これを機会にチーム解散してくれたらまだいいのです。キー人材を抜かれた後に残されたメンバーで引き続き開発をこなさねばならないなら、チームと

しては断固この引き抜きを拒否しなければなりません。うまく動いている現チームを何としてでも守らねば、今のリリース計画は永遠にとん挫をします。実はここに失敗のポイントが隠されています。チームの課題やメンバーの役割を日頃からきちんと上司に伝えてないため、**チームメンバーが交換可能な人材と思われてしまっている**のです。

チームを壊されないために政治に関心を持つ

　チームリーダーは自分のプロジェクトを成功させるため、チームを壊されないようにしないといけません。上司には日々の課題や課題に対する対策を相談し、チームがうまく機能するメカニズムや、各メンバーの役割と成果を理解させ、ゴール達成に必要な人材を絶え間なく要求することが重要です。

　当たり前のことですが、報告も相談もしなければ、上司はチームの苦境も、うまくいっている理由も理解できません。いや何となく想像はついていても、前述の通り、他にいくつもの大きな問題が押し寄せているのです。もちろん優れた上司もいて、チームの状況と課題をしっかりと把握し、メンバーそれぞれが働きやすい環境を、チームから何も言わずとも提供してくれる場合があります。それでもチームが現在どのような状況にあるのか、そしてどんな課題を持っているのか、その課題を解決するにはどういった人材が必要なのか、リーダーからアピールすることで上司は動きやすくなります。

　上司との関係が進捗報告だけの業務連絡係になっていると、上司はチームの状況もメンバー各自の重要性も認識ができません。技術スキルだけを見て、誰かと誰かを置き換えても問題ないと見られる可能性もあります。うまくいっているときこそ「順調です」という報告だけではなく、チームメンバー各々の価値をアピールしないとチーム崩壊の危機を招きます。

　メンバー各々がどういう役割を持ち、どんなスキルがあるから回っていて、こういう工夫をしていても、人が足りていないので課題が内在しています、という風にアピールし続けるのです。1回ではだめです。恒常的にチームのメカニズムを理解してもらうため、ことあるごとに「コーハイやシンジンのおかげでうまくいっていますが、みんなギリギリで。今誰か倒れると壊滅です。人員追加できませんか？」ぐらいの勢いでアピールしましょう。

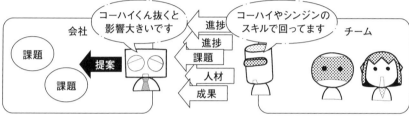

上司にチームを理解してもらうことで、上司の行動を変える

 チームがよく動くメカニズムを理解してもらう

　ただし、実態以上にやりすぎると「要求するばっかりで仕事はできない。能力がない」と不名誉な烙印を押されることになり逆効果です。あくまで、実際のところを上司としっかり共有することです。面倒くさいと思われるかもしれませんが、それが「ソフトウェア開発には政治力が必要」ということでもあります。

まとめ

 失敗 ： 上司とは進捗報告の関係のみで、主力メンバーの引き抜きを招いた

 回避策 ： 上司とチームが機能するメカニズムを共有し、チーム崩壊を防ぐ

設計書には思いをこめて

　業種や組織の風土にもよりますが、設計書の類はおざなりになってしまいやすいものです。いわゆる要求仕様書とか要件定義書など、システムを外から見たときのふるまいを記述した文書はそれなりにそろっていても、内部の設計を記したものがほとんど残っていないことがあります。

　筆者はかつて、いろいろと設計書が書かれない理由を調べてみたのですが、そもそも書き方がわからないということも大きな原因のようです。そこで部署のベテラン技術者を集め、みんなで「設計ガイドライン」を用意しました。ガイドラインといってもそんな立派なことを書いたものではありません。状態遷移図を書こう！ とか機能ブロック図を描こうとか書いてあるだけです。それでも設計書に何を書いたらいいのか気づくことはできます。まず一発目の設計書を書くことができたら、そこから順次手直しすればよいのです。そうして少しずつ、よい設計への気づきが広がっていきます。

　そして「設計ガイドライン」には「必ず思想を書くこと」と記しました。実は設計者の意図を明確に示さないと、いくらでもソージャナイ実装ができて、アーキテクチャ崩れを起こしてしまいます。

　つまらない例ですが、例えばおやじギャグ提案システムを図のように設計したとします。この図に、ギャグ生成部とギャグ保存部を分けた理由を書いておくのです。もしこの理由が記載されていなかったら、ギャグ生成部保存部を介さず直接DBに保存するコードを書いちゃえとなります。そのほうが簡単だからです。そしてその結果、コンセプトであるモジュールの置き換えもできなくなります。

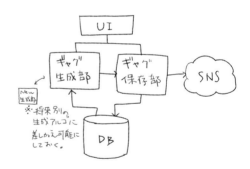

図 おやじギャグ提案システム

　大事なのは**設計書に「設計思想」を記載する**ことです。なぜその設計にしたのか、設計の意図や狙いは何か、どんな世界を作りたいのか……要件を実現するために考えた設計者の思いをこめてください。思いを伝えることでしかアーキテクチャ崩れを防ぐことはできません。

「進捗管理」で
失敗

Episode

24

アクションしない「聞くだけ進捗会議」

面倒を起こしたくない心が面倒を起こす

これまで設計や実装にまつわる失敗を紹介してきました。上流ステージほど重大な失敗が、それとはわからない顔をして待ち受けています。Chapter4ではそういったヤバさに気づけない、という失敗を取り上げます。毎月毎週毎日進捗をチェックしているのにヤバイ状況に気がつけない。いや気がついているのに何もしない。実はプロジェクトを失敗させる最も効果的な方法は「何もしない」こととなのです。

すべてが順調に見える

また少し時間を戻して、アームチェッカープロジェクトの初期のころです。ハルさんはチームリーダーとしてチームの進捗を把握するため、週に一回進捗報告会を開いています。このころはまだすべてが順調に見えていました。

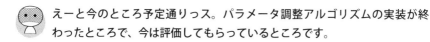 えーと今のところ予定通りっス。パラメータ調整アルゴリズムの実装が終わったところで、今は評価してもらっているところです。

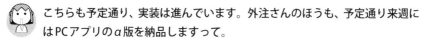 こちらも予定通り、実装は進んでいます。外注さんのほうも、予定通り来週にはPCアプリのα版を納品しますって。

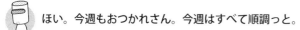 ほい。今週もおつかれさん。今週はすべて順調っと。

何事もなく進捗を終え、穏やかで平和な日々に感謝するハルさん。しかし、その次の週、重要機能を確認していた品質保証のヒンシツさんから、不具合の指摘が飛んできました。実はアームチェッカープロジェクトでは、重要機能に関して早期に品質保証部門の確認を行い、技術課題を早めに対処する施策を打っていたのです。

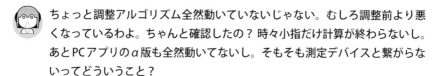 ちょっと調整アルゴリズム全然動いていないじゃない。むしろ調整前より悪くなっているわよ。ちゃんと確認したの？ 時々小指だけ計算が終わらないし。あとPCアプリのα版も全然動いてないし。そもそも測定デバイスと繋がらないってどういうこと？

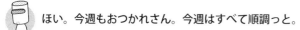 ええ！ いやちゃんと動いたって言って……あーいや動いているとは言っていなかったかな？ うーん。こちらでも状況確認します。

何だか進捗会議で聞いたイメージと違います。順調に進んでいると思ったのに、ちっとも進んでいないどころか、課題だらけです。

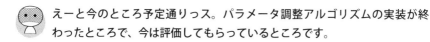 ああ、すみません。いや確かに予定通り実装は終わってたんスけど、テスト用データでしか見ていなくて。実際のデータを食べさせると次々演算が発散しているみたいっス。おかしいなあ。アルゴリズムチームと相談します。

実は外注さんに測定デバイス本体を渡せていなくて。先方が通信仕様から作った測定デバイスのモックでしか接続確認していないそうです。

　聞けば聞くほど、ちっとも予定通りではなかったことがわかってきました。しかもこれらの課題はもっと前に気づけたはずですし、事前に気づけば何とかなったことばかりです。先週予定通りと報告したところなのに、複数の技術課題の発覚で、現時点でどのくらいの遅れになるのか見当がつかない状況です。急遽それぞれの課題に対し、有識者を集めて対策会議です。

 しまったー。もうちょい深く話聞いていれば何とかなったかもしれないのに。うう。今週の進捗報告会、憂鬱だなあ。

///

気がつくと地獄の一丁目だった

　順調に思われたソフトウェア開発ですが、リリース直前になって急に大変な問題が頻発することがあります。気がつくと実装が間に合っておらず1か月遅れになりますとか、実はパフォーマンスが出ていなくてどうしましょうとか、とある条件下ではアルゴリズムが破綻しますとか、重篤な問題が次から次に押し寄せます。
　「毎月毎週毎日のように進捗会議していたのに、自分はどうしてわからなかったのか？」という困惑と後悔が同時に押し寄せてきますが、もう手遅れです。今となってはとにかくできることをやるしかないのですが、そもそもどうしてこんな大変な課題を見逃したのでしょうか。

 絶対おかしい！ 毎週の進捗会議では順調なイメージしかなかったのに、1か月以上の遅れが急に出てきた。どこで見逃したのかなあ……。

なぜ気づかないのか

　進捗会議の場で課題に気がつかないのは、次のような理由があるからです。

- 課題が挙がってこない

- 課題が挙がっているけど見えていない

- 課題を見つけようとしていない

課題が挙がってこない

　課題が挙がってこないのは、タスクの粒度が大きすぎることが1つの原因ですが、組織の中に「言えない雰囲気」が漂っていることも関係しています。できていないなんて言えない、という無言の圧力にメンバーが負けて「はい順調です。今週末にはできると思います」と言って、こっそり一人で頑張ってしまうというケースです。

　逆にリーダーがそもそも課題を聞いていない場合もあります。これは進捗会議あるあるなのですが「今週は何しましたか？」と作業しか聞かない場合です。これをすると「今週は予定通り実装しました」という返事が返ってきて終了です。たとえ機能が動作していなくても実装は完了したのですから間違いではありません。作ったけど動かない、という課題を聞き出せていません。

課題が挙がっているけど見えていない

　またせっかく課題が挙がってきていても、その課題の実情がよく見えていないケースもあります。例えば「実装したのですが動いていません。でもちょっと見直せばすぐ動くと思います」という見込みでしかない報告がそのパターンです。こういう報告は、それなら2、3時間あれば動くから問題ないよね、と軽く流されてしまい、記録にも残りません。「後でその動いていない状況を見せてもらえる？」とちょっとした変化に気づいて、アクションを起こさないと、とんでもない問題を見逃すことになるかもしれません。

課題を見つけようとしていない

　そしてそもそも課題を見つけようとしていないケースもあります。先の「実装したけど動いていない」ケースは、これにも該当します。実装が終わったから作業は完了として、実は動作確認をしていない可能性があります。自分であえて課題を出そうとせず、そっとタスクを閉じているのです。

　これはタスク完了の定義があいまい、かつ共有できていないことにも問題があります。明確に「コードを実装しただけでは完了ではありません、少なくとも単体テストを実施し、想定の動作をすることと、他に新たなバグが生じていないことを確認でき

たら完了です」というような約束をすべきです。

これらのケースは誰が悪いというよりも、チーム全体の「問題を起こしたくない」というムードから発生します。誰だって面倒は起こしたくないのです。希望的観測にすがって、つい「何とかなるよね」と考えてしまいますし、課題に蓋をして見えないようにしてしまいます。リーダーもついつい「順調ってことでいいよね」と波風を立てないようにしてしまいます。

ここが失敗のポイントです。進捗会議で**作業だけを確認し、課題の発生を捉えていない**ため、多くの課題が急に沸き起こったかのように見えるのです。

進捗会議の神髄は、できるだけ**早く課題を芽のうちから掘り起こす**ことです。作業の進捗自体は JIRA とか Azure DevOps とかに任せて、必要なときに確認すればよいのです。プロジェクトにどのような課題が発生しているのか、新たな課題の火の手が上がっていないか、素早く捉えることが肝心です。

課題の発見を喜ぶ

「できるだけ早く課題が見つかる」ことをチームの価値としましょう。メンバーがき

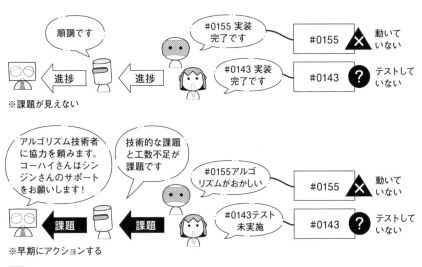

図 早期に課題を見つけアクションに繋げる

ちんと課題を報告してくれたらリーダーは「早く課題がわかってよかった！」と共に喜ぶことが肝心です。

そして、見つけた課題には必ずアクションを設定し、実行に移します。いくら課題を見つけてもアクションしないのなら、課題は解消できませんし、報告するモチベーションにも繋がりません。

担当者から「今週あまり時間が取れていなくて実装が少し遅れています」という報告があったとしても、もしかしたら何らかの課題が潜んでいるのでは？とアンテナを上げ、状況を見極めた上で、適切なアクションに代える必要があります。

とても面倒ですよね。何だかんだエネルギーが必要です。そうです。何かを変えるには相当なエネルギーが必要ですから、ついついまだ問題ではない、そのうち解決するはずと信じて、何もしないほうを選んでしまいがちになります。これはぜひ覚えておいてほしいのですが、**何もしないことが失敗への一番の近道**です。どんなプロジェクトでも必ず課題をはらんでいます。ですから何もしないでいるということは、すなわち課題を放置していることと同義なのです。

いや一別に何も対策することなんてないですよ？ 順調です、というときが要注意です。きっと何か重要な課題を見逃しています。リーダーを任された以上、もう楽な道はないとあきらめましょう。できるだけ早期に問題を発見し、傷が浅いうちに手を打つことが、結果的に一番楽な方法なのです。

まとめ

失敗 ： 進捗会議で課題を見逃し、大きな遅延を招いて日程が守れなかった

回避策❶ ： 進捗会議では課題を見つけることにフォーカスし、早期発見に価値を置く

回避策❷ ： 課題に対してはアクションを設定する

残業も計画に織り込む「時間泥棒」

リーダーだけが時間を生み出せる

ソフトウェア開発は、日々残業で大変だという方も多いのではないでしょうか。日中は会議で、夕方5時からが本番と、自分の時間を削って働いてしまう人もいます。しかし、そんな過剰な働き方を見込んでプロジェクトの計画を立ててしまうと、何か問題が起こったときにプロジェクトの遅れのみならず、技術者の体や心に不調を来してしまいかねません。その計画、メンバーの時間を盗んでいませんか？

❝ それだけならできていたはず

アームチェッカープロジェクトも中盤を過ぎたころです。この段階になると、次第に進捗遅れが目立ってきます。

 あれ？ 基本測定部ってもう2週間かかっているけど。見積もり上は3日でできるって言ってなかった？ まずは動かすだけだからって。

 そうなんスけど、時間が取れていなくて……。今週は会議とか販売からの問い合わせとか内部監査対応とかサーバ落ちたとかいろいろあったんス。

 私も今週は研修があったし、またブチョーさんから若手アイデア検討会に出るように言われましたし。予定の60%ぐらいしか進んでいないです。

それぞれ何か大きな技術的課題があるわけではなく、単にプロジェクト業務の時間が取れていないようです。今週は特に割込み仕事が多かったのかなとスルーしていたのですが……。

 基本測定部はできたんスけど、演算部に取り掛かれてなくて。ハードチームには生データをExcelで処理してもらっているっス。今のところ技術的には問題はないっスよ。ただ時間が取れていないだけで。今週もあれとかこれとか……。

コーハイさん、今週もやっぱりプロジェクトに時間が取れていません。確かにハルさん自身も、今週はセキュリティ研修だとか、顧客クレーム対応に時間が取られて結局70%ぐらいしかプロジェクト業務に時間を割り当てることができていません。

ハルさん、突如嫌な汗が出始めました。これは思いのほか大変なミスをしでかしたかもしれません。企画立ち上げ当初の計画では、各メンバーがほぼ100%プロジェクトに従事できる想定でした。もしこれが60%しか従事できないとなると……。

 ま、まずい。この調子で時間が他業務に取られるとしたら、プロジェクトは1年で終わるところが単純計算で2年近くかかってしまう。さすがにそれはないとしても、大遅延には間違いない。

ハルさん大至急プロジェクトの計画見直しを始めました。とはいえ、時間は延びたりしませんから、優先度の低い機能を削るとか、開発委託を増やすとか、評価人員を追加するとかで時間を確保するしかありません。

　計画破綻に予算超過とは……と、とにかく新しい計画案を作ってカチョーさんに相談しよう。はあ。

//

プロジェクト業務しか考慮していないスケジュール

　気がつくと今日もプロジェクト業務ができていません。朝出勤し、机につくなり、重要顧客の技術的な質問が降ってきたり、作ったツールの動作がおかしいと言われて見に行ったらイーサネットケーブルが外れていたり。何だかんだで時間が取られて、いつの間にかもう夕方です。

　技術者の日常は毎日こんな感じだと思います。日中は思ったよりプロジェクト業務に避ける時間がありません。事例のように、他業務で圧迫されて進捗が進まなくなってしまいます。メンバーの時間すべてがプロジェクトに使えるという想定で計画化していると、スケジュールに想定外の影響が出てしまいます。

　ああ、今日も雑務で終わった。あーいや終わるわけにはいかない。今月中にβ版を作らないと。こんなに割込み業務があるなんて想定外だよ。仕方ない、残業してちょっとでも進めるか……。

1日の半分程度しかプロジェクト業務はできない

　筆者は以前、1日のうちにどのくらいプロジェクト業務が実施できるのか、調査したことがあります。あくまで自分のチーム限定の話なのですが、結果は1日8時間のうち3〜5時間しか純粋なプロジェクトの業務に充てられていませんでした。チーム全員がそうです。プロジェクト以外の時間は雑務だったり会議だったり、実際に設計やコーディングにかけられた時間は1日の半分程度でした。

　これを当時、上司にデータと共に説明したのですが、どうにも理解が得られませんでした。「いやいやそんなことないだろう、もっとみんな働けるはずだ！」というのが

上司の言い分なのですが、実測データの通りとしか言いようがありません。上司のイメージからすると1日7時間ぐらいは主とする業務ができている、いや、できていてくれと思っていたのでしょう。別にみんなサボっているわけではなく、会社ではとにかくやらねばならないことが多いのです。

スケジュールにメンバーの裁量時間を織り込んでしまう

　これを理解せず、1日まるまるプロジェクト業務ができるものとしてスケジュールを立ててしまうと、実は大きな見積もりミスをしていることになります。極端な場合、1年でできる計画が実際は2年かかってしまうこともあるでしょう。もうおわかりかと思いますが、ここが失敗のポイントです。

　職場における**その他の業務量を過小評価**してスケジューリングしたため、大きな遅れを発生させてしまいました。また担当者も何とかそのスケジュールを守ろうとするあまり、残業や持ち帰りで仕事をしてしまい、体や心の不調を呼び込むことになります。

　これは言い換えると、スケジュールに**メンバー各自の残業時間を織り込んでしまっている**のです。またメンバーも計画時に、自ら「1日8時間プロジェクト業務ができることを前提にした見積もり」を出してしまい、図らずも自分のための時間をプロジェクトに献上していたりします。

自分の時間を使ってしまう

　この失敗の困ったところは、メンバーが自分で見積もった作業時間が足りない場合、その時間を自分の裁量で何とかしようとするところです。残業だとか休日出勤だとか、自分のための時間を使ってしまうのです。何しろ計画を立てたときには自分自身で何とかできそうな気がしていただけに、業務をこなしきれていないのは自分の責任だと思い込んでしまいます。そして、自責の念にかられ自分の時間を使って何とか解決しようとするのです。

　これは最悪、メンバーの長時間労働や業務過多による心身の不全に繋がります。最初からプロジェクト業務以外の「割込み業務」が発生することを加味して、個人の時間をあてにしないように、スケジュールを立てる必要があります。

見積もりと日程は分けて実測し修正する

このため、計画を立てる際には作業の大きさと、実際に作業に使える時間を分けて考えます。まず、作業の見積もりは時間とは関係のない指標・単位で算出します。例えばストーリーポイントといった指標を使います。ストーリーポイントは複雑さやリスクを含めた作業の大きさです。そして自分たちのチームは、ある決まった期間（例えば2週間）で何ストーリーポイント実施できるのかを考えます。

例えば、アームチェッカーの測定データをCSVファイルにエキスポートする機能を8ストーリーポイントと想定します。そしてこのチームは2週間で50ストーリーポイントをこなせるため、2週間後にはCSVエキスポート機能以外に、42ストーリーポイント分は何か他のストーリーが実施できるだろう、という風に見積もります。このチームが2週間で実際に何ポイント実施できるのかは、実測して見直します。

このように、作業の大きさと、作業にかかる時間を分けて想定し、その上で実測して生産性を修正することが大事なのです。最初から機能を時間で3日と見積もってしまうと、そのまま3日を日程化して終わりです。その後、遅れが出たときに、果たして見積もりが悪かったのか時間が使えなかったのか、フィードバックすることが困難になります。見積もり（機能の複雑さや大きさ）と日程（チームの生産性）は分けて設定し、実測を基に都度見直しをかけることが大事です。

ストーリーポイントは、ざっくりと相対的に見積もります。CSVエキスポート機能が8ストーリーポイントだから、JSON形式でのパラメータ保存機能も同じく8ストー

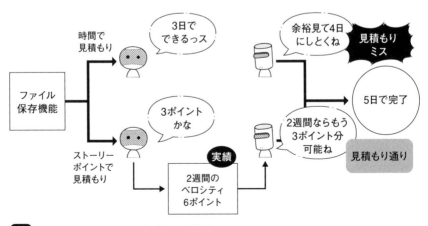

図 見積もりと生産性を分けて実測し、日程化する

リーポイントにしておくか。といった感じです。

　実測をしていくと「思いのほか難しくて時間がかかっている（見積もりミス）」なのか、「時間が取れなくてできなかった（生産性）」なのかがわかってきます。

組織知にする

　こうして得られたストーリーポイントやベロシティ（決まった期間に何ストーリーポイントが実施できるのか）を組織知として記録しておき、次のプロジェクトに生かします。

　このような実測して見直すフィードバック系には初期値の問題があります。あまりに変な値を初期値とすると収束するまでに時間がかかるのです。この機能は何ストーリーポイントなのか、また我々の職場は2週間で何ストーリーポイントこなせるのかなど、過去のプロジェクトの値が残っていれば、最初から日程の精度を上げることができます。

　この計画法はスクラムやXPといったアジャイル系のテクニックですが、ウォーターフォール開発であっても活用できます。例えば2週間おきにベロシティを実測し見直していけば、早い段階でスケジュールを適切に修正できます。メンバーの貴重な個人時間をあてにした計画にならないよう、スケジュールには実測と修正のメカニズムを盛り込みましょう。

まとめ

失敗　プロジェクト外の業務量を過小評価して計画化、日程遅れと長時間労働を招いた

回避策　チームでこなせる業務量を実測し、計画の見直しを行う

Episode

26

会議が会議を呼ぶ「増殖する会議」

プロジェクト業務に時間を割けていない

今日も1日会議です。リーダーや管理職になるほど、会議の数は増えていきます。会社は無駄な会議をなくしましょう！ といいますが、どの会議も重要な気がします。しかも、一度会議に参加すると宿題が出たり、新たな会議が発生したりで、どんどん参加する会議が増えていきます。結局プロジェクト業務ができるのは会議の途切れる夕方5時から。みんな会議は嫌いなのに、なぜこんなに会議があるのでしょう。

会議が勝手に増える

　ハルさんは朝一番に今日のタスクとスケジュールを確認するのが日課です。本日は9時半からチームのスタンドアップミーティング、10時から品質保証部門と評価技術者の追加調整、11時からシンジンさんとペアプログラミング。12時にお昼を取って、13時からは販売と既存商品「レッグパワーCS2」に対する顧客クレーム対応について相談。14時からPCアプリの委託先とTV会議。17時からは5S会議で部署内の整理整頓確認です。

 お！今日は15時から空いている。よし、ここはプルリクエストをこなす時間として確保しよう。

　プロジェクト業務の時間を確保し、予定をスケジュールに書き込もうとした瞬間、ブチョーさんからソフトウェア課題に対する打ち合わせが差し込まれてしまいました。最近ソフトウェアは問題が頻発しているので、原因から押さえたいとのこと。致し方ありません。では定時後の18時からプルリクするか、と思ったのですが、15時からの打ち合わせで絶対ブチョーさんから宿題が出ると踏み、18時からはコーハイさん、シンジンさんの予定も確保して、ソフトウェア問題検討会としました。これでもう今日の予定はいっぱいです。これ以上は何も入りません。そのとき、またしても緊急のメールがやってきます。

 ええ！セキュリティ対策事務局？ライブラリに脆弱性？弊社製品に該当するかどうか急ぎ確認の上報告だって。うへえ。

　セキュリティ案件であれば致し方ありません。18時からの予定は変更、緊急セキュリティ対応会議です。しかし案の定、15時からの会議でブチョーさんから、ソフトウェア問題の原因と対策についてレポートするよう求められました。

 ブチョーさんすみません。緊急でセキュリティ案件がありまして、レポートは来週でいいですか？

　何とか時間稼ぎをしましたが、セキュリティ案件も大変です。確認したところ、ライセンスサーバで使用しているライブラリのアップデートが必要のようです。急いで

サーバの開発元に連絡し、対策の段取りをつけましたが、気づけばもう20時です。

 おいおい。今日も自分のプロジェクト進捗はゼロだよ。あーいやシンジンさんとペアプロしたからまだましか。えーと明日は……。

　結局ブチョーさんからの宿題も増え、明日も1日会議で埋まっている予定表を見て、がっくりとうなだれるハルさんでした。

///

会議でプロジェクトは進まない

　最近は個人のスケジュールも電子化されています。GoogleカレンダーやOutlookで共有していれば、誰でも他人の予定を確認することができます。そのため、以前に比べて会議の予定も立てやすくなりました。そのおかげもあってか、勝手に（失礼）会議が組まれていて、今週はもう10〜17時のゴールデンタイムほぼすべてが会議予定で埋まっている、なんてことはざらにあります。

　以前海外に赴任していた方から聞いたのですが、やはり日本は会議が多いようです。日々あまりに会議が目白押しで「おかしい。何で日本に帰ってきたらこんなに時間がないのか？」と嘆いていました。

会議は合意形成の場

　会議が多い原因の1つに、日本は合意を重んじる、という点があると筆者は考えています。会議が合意形成の場として開催され、その場でみんなが合意しないと先に進めないのです。合意会議を実施しない場合には、勝手に判断して勝手に進めているとみなされますから、もし何らかの問題が発生したときには、勝手に進めた人の責任になります。そんな状況になることは避けたいので、会議を開催して「会議で合意しましたよね？」とその場にいる全員の責任に持ち込みます。

　本来リーダーに任せて進めればよい件であっても、リーダーとしては後で面倒なことにならないよう、担当者の意見を聞く場を設定した上で、さらに上長を交えて意思決定の場を設定します。これでもう2つも会議が増えましたね……。

PDCA の弊害

そしてもう1つ、筆者は日本の組織管理手法がPDCAを基本にしていることも、この会議増大の原因ではないかと考えます。PDCAによって物事がプラン通りに進んでいるかどうか常にチェックされ、そこから外れていると原因解析から対応策を検討し、改善策を実施する……という流れが今では広く企業のカイゼン活動のベースとなっています。

PDCAはとてもよい仕組みではあるのですが、**ソフトウェアプロジェクトは大体プラン通りにはいきません。**したがって毎週の進捗会議においては、なぜ遅れたのか、その根本原因は何か、それを防止するための対策は何か、ということを毎度聞かれます。何しろ遅れているのですから。

定例の進捗会議で遅れの原因やら対策やらを聞かれることは、あらかじめわかっているため、プロジェクトは、定例の進捗会議の前にチームメンバーを集めて遅れの根本原因を探り、対策するための会議を実施します。もちろんチームメンバーもそんなことになるのは重々わかっています。そこで、遅れの原因となる項目をあらかじめ洗い出す作戦会議を内々に実施し、会議に備えます。

この時点で定例会議、定例前会議、定例前会議のための作戦会議と計3回の会議を実施することになります。一度遅れが出始めると、こうした遅れ原因を探る会議によって業務は圧迫され、結果また遅れが拡大します。そうしてまた拡大した遅れに対する対策を会議しなくてはなりません。

こんなに毎日会議では、自分のタスクが全然進まないよ。とはいえ課題の状況も進捗会議で報告しないといけないので、みんなの意見も聞きたいし。1時間だけ会議開催するかな……といいつつ毎度2時間になるんだよね……。

会議は会議を生む

こうなってくるとネットワークの輻輳のように、雪だるま式に会議が会議を呼んで業務が立ち行かなくなってしまいます。ひどくなると会議のための資料を前の会議で作っている、みたいなことになっていきます。しかもこうしたPDCAや改善に類する会議は結構な数があります。

- 進捗会議

- 技術者のスキルアップ会議

- 新規ビジネスのアイデア検討会議

- 組織を元気にする会議

- 5S（「整理」「整頓」「清掃」「清潔」「しつけ」）活動の会議

- シニア管理職が若手社員とフランクに語り合う会議

　他にも会社それぞれにユニークな改善会議があることでしょう。どれも非常に大事で、決してそれらの会議が無駄とかいらないとかを言いたいわけではありません。ただ、会議が毎日毎週毎月定期的に行われ、それぞれの会議がそれぞれ次の会議を生んでいきますので、会議の増殖を止めることができなくなっていくのです。

　ここが失敗のポイントです。ちょっとした**会議を増やして部下の時間を奪い**、また自分はすべての会議に参加して、本来の業務が滞ってしまいました。

会議を減らす

　この会議の自己増殖を止めることができる解決策は大きく2つ。

- 会議の開催を我慢する

- 会議の参加を吟味する

　とにかく会議を減らすということと、参加する会議を厳選するということです。裁量の範囲であれば自分で決断して、会議で解決しようとしないこと。課題の解決は部下に任せて、アドバイスは直接担当者にすればよいのです。会議を開催する際には、誰を呼ぶべきかを吟味し、必要な人だけに絞りましょう。

　また自分が会議に招待されたときも、本当に自分が参加すべきかどうかを検討し、不要であれば辞退しましょう。事前に会議主催者に情報を渡すだけで自分の役目は終わるケースもあります。

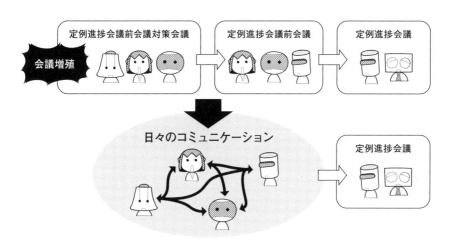

図 日々のコミュニケーションを増やして会議を減らす

　会議はちょっとした麻薬のようなもので、会議に出るとちゃんと仕事をしている気がしてきます。しかし、会議だけでは業務は進みません。リーダーは会議を開催する前にまず簡単なコミュニケーションで解決できないか、また対策を講じている部下を信じて待つという選択肢はないか、自分で動けることはないか。そういった点を考慮しつつ会議は厳選して開催しましょう。

まとめ

失敗　会議を増やし業務時間を圧迫。プロジェクトの遅延を招いた

回避策　日々のコミュニケーションを増やし、会議の開催と参加を減らす

Episode

27

また責められる「怖い会議」

問題や失敗の情報が上がってこない

リーダーが「チームの課題に気づけない」という失敗の原因の1つに「会議が怖い」というケースがあります。会議で烈火のごとく怒る人がいる場合もありますが、参加者にとってはむしろ失敗を問い詰められることが怖いのです。課題を報告したとき、場の雰囲気によっては、言外に「お前はダメなやつだ」と匂わされているような気がするのです。

❝ つらい会議

　いつものようにチームミーティングを終えたコーハイさんとシンジンさん。軽くお茶をしながら雑談しています。

でもうちのチームは話しやすいですね。相談しやすいというか。ハルさんもカチョーさんも、困ったら一緒に悩んでくれますよね。

それがさあ。ハルさん前にいた職場がひどくて、次々と休職者や退職者が出て大変だったみたいよ。会議がつらいって言っていたなあ。

　ハルさんの前の部署では、進捗会議は次のように厳しいものでした。

今週60%しか進捗していないのはなぜ？ 確か先週も60%しか進んでいなかったよね？ 今週は何も進んでいないってこと？

す、すみません。取り掛かっている分を加味したら70%いや80%は進んでいるかと……。

遅れている原因は何？ それで、どうするの？ 遅れはどうやって取り戻すの？ いつまでに取り戻すつもり？ できていませんと言うだけじゃなくて、ちゃんと考えてから会議に出てくれないと困るよ。

　遅れの原因は見積もりのミスで、作業量が想定以上に増えたことでしたから、ハルさん個人でできる対策は自分の時間を削って頑張ることしかありません。
　また進捗会議だけではなく、企画会議も大変だったようです。あらかじめリーダーに会議で報告する資料は確認してもらっていたのですが、会議で経営層から検討の漏れを指摘されると……。

ハルくん。今のご指摘に答えてください。考えていませんでしたでは困るんだよ。皆さんの貴重な時間を割いてもらっているのだから。

……すみません私の検討が不足していました（えええ！ 内容は事前に見てOKもらっていたのに。まさか会議で後ろから刺されるとは）。

こんな感じで会議は毎回つらいものでした。ハルさん、このままでは体も心も壊れると思い、プロジェクト半ばでありましたが、人事に掛け合って他の部署に移ることとなりました。ハルさん以外にも休職者や会社を辞めてしまう人も出て、プロジェクトは大幅な遅延を起こしました。結局そのプロジェクトの製品は出荷後も問題が多く、すぐに販売は中止となりました。リーダーのやり方1つでよい製品ができ上がらないどころか、大切な人材まで失うことになったのです。

 俺は絶対にこんなリーダーにはならないと誓う！ 絶対に。

会議という「お白洲の場」

会議が多いのも嫌ですけど、会議自体も嫌ですよね。ソフトウェア開発は大体予定通りに進むことなんてありませんから、進捗会議では悪い報告しかできません。毎週お白洲に引き出されて沙汰を待っている気分です。

リーダーも別に課題が発生したことを弾劾する気はありませんし、罰を与えるつもりもありませんが、どうしてこんなことになったのか知りたいため、根ほり葉ほり担当者に聞いてしまいます。この根ほり葉ほりが課題を報告した担当者にとっては「うぅっ責められている」と感じて、会議が怖くなってしまいます。

リーダーが知りたいのは正しい状況と本質的な課題です。60％できていますと報告しても実際には60％もできていない（60％機能実装したけどテスト未実施）かもしれませんし、そもそも業務量が多すぎるのが課題かもしれません。もし見積もりが甘くて、想定よりも業務量が多くなっているのであれば、誤った見積もり全体を見直さないと、今後ずるずると遅れが拡大することでしょう。

リーダーとしてはただ遅れの原因を知りたいだけなのですが、ついつい何で？ どうして？ と追及する形になってしまいます。実際に会議の場で、あれこれとみんなの前で質問をされると、担当者はかなりつらい思いをします。

 いやだって原因をつぶさないとなあ。というか何でこんなことになったのか絶対に上司から聞かれるし。その問いに俺も答えないといけないのよ、頼むよ、教えてプリーズ……。

担当者もつらい思いはしたくありませんから、何とか自分の中だけで解決しようとしたり、楽観的に何とかなると思って報告自体をしなくなったりします。こうして課題が表に出ないまま、事態はどんどん深刻になっていきます。

冒頭の事例では、ハルさんは「60%しかできていません」と正直に言っているので、まだ傷は浅いほうです。重篤な状態になってくると「問題ないです」とか「順調です」としか言わなくなります。そうしてあるとき、ちっともできていないことが発覚し、大幅な手戻りや追加コストが必要となってしまいます。

ここが今回の失敗のポイントです。メンバーが**安心して報告や相談できる場を作らない**と課題の発見が遅れ、結果大きなプロジェクトの遅延を招いてしまいます。それどころか、メンバーは体や心を病んでしまい、貴重な人材を失うことにも繋がります。

心理的安全性

このことはプロジェクトに限った話ではなく、組織全体の風土にも関係します。事例でハルさんがされたようなことを、組織の管理職がしてしまっている場合もあるでしょう。例えば、管理職がリーダーに対して課題の過失を追及し、ひたすら改善を求めるような状態が続くと、当然リーダーも悪い報告は後回しにしてしまいます。また、上から追及されると、リーダーもその追及に応えようと、部下にも同じように追及をしてしまいます。こうして上から下に向かって風通しの悪い風土のでき上がりです。

昨今、よく使われるのが「心理的安全性（Team Psychological Safety）」という言葉です。これはエイミー・エドモンソン氏が論文「Psychological Safety and Learning Behavior in Work Teams」で「チームが対人関係においてリスクを取っても安全である、という信念を共有すること」と定義した言葉です。

「心理的安全性」を確保しないとメンバーはリスクを取る行動（例えば課題発生の報告）をしなくなります。少なくとも自分のチームには心理的安全性を確保して、リスクを気にせず、何でもすぐに相談できる雰囲気を作らなくてはなりません。

先にダメなやつになる

　心理的安全性の確保の方法は、リーダーの考え方や方針によって異なります。筆者のような失敗リーダーさんタイプには「リーダーが先にダメなところを見せる」のが効果的です。まずリーダーが先にダメなところをさらけ出し、ダメリーダーから、担当者に助けてーと相談をします。

> リーダー：ごめんごめん、実は今週自分のタスクがほとんどできていなくて。会議が多かったのと、実際実装も難しかったのよね。みんなどうだった？
>
> 担当者　：そうなんですよ。今週は3つ機能実装する予定だったのですが、2しかできてなくて。しかもテストもできずで……想定より作業量が多いです。
>
> リーダー：そうかーちょっと各タスクの見積もり直したほうがいいかな？
>
> 担当者　：そうですねえ。今の見積もりでは今後も厳しいかもしれません。
>
> リーダー：ありがとう！ 意見助かるよ。急ぎ見直しのタスクを入れよう。

　リーダーから相談することによって、担当者を「チームの課題と共に戦う参謀ポジション」に置くことができます。また担当者の意見や情報には、お礼と共に必要なアクションを設定して、担当者に効力感や、小さな成功の体験が感じられるように配慮することが重要です。

　ほんのちょっとしたことですが、このような配慮を怠らないことでメンバーは「ここでならリスクをとっても大丈夫、結果自分の得になる」と思えるようになります。メンバー自身に自分の行動のおかげでチームをピンチから救うことができた、という小さな成功体験を持たせることが大事なのです。

　ぜひリーダーさんそれぞれの個性にあったやり方を探ってみてください。例えば、傾聴タイプのリーダーさんなら、ニコニコして都度相槌を打つというのも安心できますし、熱血リーダーさんなら、まず自分の熱い思いを語ることで、部下のやる気やテンションを引き上げ、活発な議論を呼び込めるかもしれません。

　今日も自分のチームは生き生きと会話が弾んでいるか、各自の顔色や体調はどうか。チームから発せられるサインを見ながら、心理的安全性を高める工夫を行っていきましょう。

図 心理的安全性を確保する

まとめ

失敗 ： 原因追及型の「怖い会議」を開催して課題の発見が遅れた。その結果プロジェクトの大幅な遅延を招いた

▼

回避策❶ ： チームの心理的安全性を確保する

回避策❷ ： リーダーからメンバーに相談を持ち掛けることで、協力しやすい場を形成する

職場が戦場になる「不機嫌なチーム」

情報もHelpも発信できない

チームの雰囲気が悪いと、会社に行くのも嫌になります。自分の与えられたタスクだけをこなして誰とも話せず、困ったことがあっても一人で抱えてしまいます。その結果、プロジェクトの遅延を招いたりすると、チームからの風当たりもきつくなり、ますます職場が嫌いになってしまいます。こんなギスギスした「不機嫌なチーム」から、よい製品が得られるはずがありません。

静かなる職場

　今日は金曜日。定時後はみんなでおやつを食べて帰るのが、ハルさんチームの習慣です。

 今日は懐かしのアンドーナツ買ってきました！ 激甘ですよ♪ でもうちのチームはよくしゃべりますよねー。先日もうるさいって言われました。

 アンドーナツか。うお！ 甘い！！ 実は昔いた職場は誰も一言もしゃべらない部署だったのよ。それで何人も体壊したり会社辞めたりしてさ。

　ハルさんにとって、前の職場はかなり辛い職場だったようです。ハルさんは前の職場でもメンバーの誰かに課題が発生したとき、気前よく相談を受けていたのですが、そのため進捗報告会では……。

 ハルさん。今週3日遅れになっていますが、遅れの原因と対策案をお願いします。

 えーと、メンバーのコマルさんから相談を受けてコードレビューとペアプログラミングをしていたので……対策、うーん。

 ではコマルさんができない原因は何ですか？ ハルさん自身の遅れをどうリカバーするのかもあわせて、今日の昼までに連絡してください。

　ハルさんはよかれと思って助けたのに、自分の遅れを責められるばかり。結局余分な宿題が増える始末です。コマルさんも自分のせいでハルさんに迷惑をかけてしまったことを気に病み、再び課題が発生しても、自分から相談することがなくなってしまいました。

　職場は誰も一言も発しない、静かな空間。ただ画面に向かって黙々と実装するだけです。お互いに助け合うどころか何か課題が発生したときには、保身のために他のメンバーのせいにするようにもなりました。自分のタスクが遅れているのは、〇〇さんの実装が悪いからですとか、△△さんの作った仕様がおかしいとか。みな自分に追加のタスクが発生しないよう、先制攻撃をするのです。

　こうして一人また一人と、体調不良で会社に来られない人、会社を辞めてしまう人

が出てきました。結局そのときのプロジェクトは大幅な遅れを出した上、大赤字の大失敗プロジェクトとなりました。

 自分のタスクが遅れるだけだから、誰かが困っていても気づかないふり、話もしないし手も貸さない。そんなチームが嫌で出てきたからね。

 甘っ！ このドーナツ。じゃこの間シンジンさんに助けてもらった話しようかなー。あれは助かったなー。

不機嫌なチーム

「職場で仕事以外の会話って必要なの？ 業務情報の共有だけシンプルにできればいいよ。用もないのに話しかけられるのは鬱陶しいし、自分のタスクに集中したい」という方もいるかと思います。特にソフトウェア開発は黙々と一人でコーディングをしているイメージもあり、1日誰ともしゃべらない方もいるでしょう。いやむしろ放っておいてくれたらいいもの作るのに、なんて思っている方も多いのではないでしょうか。というか、筆者がそうでした。上司からはよく「お前今何をやっているの？」と聞かれていたものです。ここまでにコミュニケーションの重要さを何度も説明していたのは、何を隠そう筆者自身が何も報告しない人だったからです。

何度も説明していますが、ソフトウェア開発はコミュニケーションが重要です。一人でコーディングする時代は終わったのです。複数のメンバーが力を合わせて作り上げるには、メンバーそれぞれが遠慮なく屈託なく気軽に楽しく話ができ、互いの価値観を認め、協力し合える環境が必要です。

人間関係の不機嫌さが離職や休職を生む

メンバーが離職・休職するケースでは、業務量の多さや、自分のやりたいことと、自分の能力とのアンマッチだけではなく、人間関係もその原因の1つです。職場があまりにも居心地が悪いと、働くモチベーションがわかない、会社に行きたくない、実際に体が重い、しんどいなどの症状が現れます。

このように人をダークサイドに落としてしまうような職場を「不機嫌な職場」と言

うようです。この言葉は15年以上前に知ったのですが、私がちょうど管理職になりたてのころ、上司から「我々の不機嫌な職場をご機嫌にするにはどうしたらいいか考えろ」というお題をいただいたのがきっかけでした。

心理的安全性が確保された「ご機嫌なチーム」

　最近では安心して発言できる場を「心理的安全性」が確保された場と表現するようになりました。これはエピソード27でも紹介しましたが、「チームが対人関係においてリスクを取っても安全である、という信念を共有すること」と定義した言葉です。

　心理的安全性はなかなか1日ででき上がるものでもなく、チームメンバー間の関係性や雰囲気を常日頃から健全に保っていかねばなりません。しかし、チームの雰囲気を決定づける重要な人物がいます。それがリーダーです。

リーダーがチームの雰囲気を作る

　チームには様々な考え方や意見を持った人が集まっています。別に気が合うからチームになったわけではありません。そのまま放っておくと、様々な局面で衝突が発生するでしょう。ここが今回の失敗のポイントです。もし**リーダーが業務の進捗しか気にしなかったら、チームはどんどん不機嫌**になります。「怖い会議」で紹介したように、報告しやすい雰囲気作りを怠ってしまうと、メンバーからは重篤な課題に繋がる情報も、困ったときのヘルプも共有されません。結果、プロジェクトは遅れ、原因追究によってメンバーは疲弊し、ますます職場を嫌いになることでしょう。最悪の場合、離職や休職に繋がってしまうかもしれません。不機嫌は不機嫌を呼ぶのです。

　この悪循環を断ち切ることができるのはリーダーしかいません。**リーダーがチームの雰囲気を作る**のです。リーダーが人を叱責するようなら、メンバーも同じようにするでしょう。「チームはあくまで課題と戦っているのであり、チームは全員で協力して課題と対峙するのだ」という姿勢を崩してはいけません。

　もしチームに課題が発生したとき、メンバー間で、誰々のせいでこうなったという人を責めるような話になったら、その場の論点を変えないといけません。そんなことより、今現実にあるこの課題をどう解決するのか、という点にフォーカスするのです。課題を挙げたら責められるのではなく、課題を早く共有するほど、実はチームが勝利へと近づくのだと感じられるように、場の雰囲気を作っていきましょう。

うちのチームは別に話しにくいなんてないかなー。ハルさん何でも話を聞いてくれるし、コーハイさんもマニアックだけど丁寧に教えてくれるし、カチョーさんドーナツ買ってきてくれるし。仕事は大変だけどできることが増えるのは楽しいかな。

チート技「おやつ」

もう1つ。チームの健全性や楽しい雰囲気をブーストしてくれる秘密兵器があります。それが「おやつ」です。

「え？おやつ？おやつなの？？？何それ？」と思われそうですが、正真正銘おやつです。糖質制限されている方や、甘いのが苦手な方もいますから、チームによって工夫は必要だと思いますが、どんなに厳しい状況でもおやつがあれば、ギスギスした雰囲気が何となく柔らかくなるものです。

事実、会議におやつを持ち込んだり、研修におやつを持ち込んだりするだけで、会話の量が2倍になります。おやつを配り出すと、それまであんまりしゃべってくれなかった人でも「実はおれ、きのこの山派なんですよね」とかつぶやき出します。

以前、新入社員研修の場でおやつを出したら、ありがたいことに新入社員からおかえしをいただいたことがあります。そりゃあもう超絶うれしかったです。新入社員から30歳以上年上の管理職に「ぷっちょ食べます？」って言ってくれるの、最高じゃないですか？

食べることは安全の証

大袈裟ですが、みんなでおやつを食べているだけで、「ここは安全だ。この場所では殺されない。むしろ生きるためのエネルギーをくれる」と思えるものです。特に社会人になりたての新入社員にとっては、職場は何もかもが恐ろしく見えます。気を抜くと魔物が自分を殺しに来る、未知の脅威が住まう場所に見えるものです。食べることは生きることですから、おやつをシェアすることでその恐怖感を下げ、仲間がいて安心できる場であることを実感できます。

金曜日のお茶会

　最近は感染症やリモートワークの影響もあって、なかなか顔を合わせる機会が少なくなってきています。筆者はそこで週に一回、お茶会を実施してみました。これがなかなか効果抜群で、今まで直接話したことのない人同士で談笑したり、初めての出会いを演出したり、クラブ活動に勧誘したり、趣味の集まりを再結成できたりしました。

　特に、職場に入って来たばかりの方々は、業務で困ったときに誰を頼ればよいのかすらわからずにいます。そんなときにおやつを食べながら、この人は誰で何に詳しいのか、何の業務をしているのか、人を知る機会があるというだけでも心強く感じられるようです。

　筆者は、この取り組みにあたり北欧諸国でのフィーカという習慣を参考にしました。金曜日の夕方17時に食堂でおやつを広げてただ待っていると、三々五々人が集まってきて思い思いの話をして帰るのだそうです。

　皆さんも明日はおやつを持って職場に行ってみませんか？

まとめ

 失敗：チームの雰囲気をおざなりにした結果、課題への対処が遅れ、メンバーも休職や退職をした

 回避策❶：リーダーがチームは人ではなく課題と戦う姿勢を明確に示す

 回避策❷：おやつ等を活用し、会話しやすい雰囲気作りを仕掛ける

29

メールが業務の起点「メールドリブンワーク スタイル」

メールでやる気はわかない

現代、コミュニケーションツールは様々な進化を遂げていますが、ビジネスではEmailの存在感はまだまだ大きいものです。メールによって業務が要請され、メールで質問し、メールで説得され、メールで承諾し、メールで進捗報告し、メールで締め切りを延ばしてもらい、メールで怒られます。そういう時代なのでしょうけれども、なかなかメールだけではモチベーションがわかないし、納得いかないこともあります。

読まれないメール

　業務を進めていくと様々な連絡事項や、依頼事項が発生します。細かな依頼のたびにメンバーを招集するのも時間がもったいない、ということでハルさんはメンバーにメールで依頼をすることが多いのですが……。

 あれ？ 先日お願いした、業務に使った時間の分類と集計、出してくれたっけ？ 今日提出しないといけないんだけど……。

 え？ 何スかそれ？ メール？……えーと、あ、ありました。すみません、全然見てなかったっス。毎日8時間コーディングしていました、でよろしくです。

 いやいや、これ従業員の働き方を改善するためだから、適当はコーハイにとってもまずいのよ。明日でいいので出してもらえるかな？

 ハルさんもPCの棚卸お願いしますよー。メールでお願いしたんですけど見ています？ それも今週中ですよー。

 あ、そうだっけ？ ごごごごめん。見逃しているわ。すぐ確認します。

　どうもみんなメールの量が多すぎて、連絡を見落としたり、確認を後回しにしたりすることが多くなっているようです。遅くなっても後で対応できるようなことであればよいのですが、メールには本当に重要な案件が含まれていることもあるため油断はできません。

　ハルさんが改めて急ぎの要請がないかメールを確認していると、ブチョーさんが血相を変えてハルさんのもとに飛んできました。

 ハルくん！ 先ほど生産から連絡があったんじゃが、3か月前にメールで依頼されたソフト修正の件、何もしていないそうじゃないか？

 え？ 何の件ですか？ ああ、今そんな暇ないからって断ったはずですよ。ええ？ そのソフトが原因で生産が止まっている？ そんな内容じゃなかったですよ。うちで作ったツールを最新のOSに対応させるにはどのくらいかかるかっていう感じで。え？ 生産用のPCが壊れて購入したら動かない？ 最初にそう言ってくれないと……。

開発が対応しないので生産が止まりますという報告を受け、生産の部長経由で問題が上がってきたようです。すぐさまメンバーを集めて最優先で対応することになりました。メールからは生産での困りごとが正確には把握できていなかったため、依頼の優先度を落としてしまっていたのです。メールを見落とすだけではなく、メールによる要請内容の理解不足で問題が発生してしまいました。

 何で、もうちょっと課題を明確に示してくれなかったのよ。というかこれこそ直接相談してよ……アームチェッカーがまた遅れちゃう。

///

メールドリブンワークスタイル

　♪ピローン。メールが来ました。さあ今日中のお仕事が追加です。筆者はこのような働き方を「メールドリブンワークスタイル」と勝手に呼んでいるのですが、とにかく現代はメールを起点として仕事が発生します。

　筆者が会社に入った当時はEmailどころか、ネットワークもありませんでした。その後じわじわと知識のある有志が草の根的にネット網を構築し（10Base2って知っている？）、SMTPサーバやDNSサーバを立ち上げ、限られたメンバーから少しずつメールを利用していきました。
　そのころはまさかメールが仕事の軸になるなんて全く思いもよらず、ただ会社の仲間と繋がる手段として楽しく使っておりました。それが今ではメーラーのアイコンをクリックしようとするだけで心拍数が上がり、額に汗がにじみ、心臓の周りが締めつけられ、口内が渇き、手が震え、一旦席を立って新鮮な空気を吸いに窓際に歩み寄り、深呼吸をしてから机に戻って改めてアイコンをクリック……という心を落ち着かせるルーチンが必要なほど、仕事に密接したツールになってしまいました。

 毎日200通……正直全部読めない。というか読んでいたら仕事する時間がない。件名と差出人を見て重要そうなメールから読んでいるのだけど、たまに緊急案件見落とすのよね。どうしたらいいのか……。

チャットツールも参戦

さらに最近ではTeamsやSlackなど、チャット系のツールも会社で使われるようになり、業務のプレッシャーも倍々になってきています。

メールよりチャットのほうがまだ「いつもお世話になっております。〇〇です」とか「ご依頼ありがとうございます。〇〇です」とか「お返事大変遅くなりまして申し訳ございません」とか前書きしなくてもいい分、ちょっぴり楽かもしれません。

とはいえ、急なタスクをお願いされる方にとっては、メールだろうがチャットだろうが、余計な割込みには違いがありません。面倒な話なら断ろうかと考えてしまうのは自然なことです。例えばある顧客から、アーム測定に関する問い合わせがあったとしましょう。この件、ハルさんからコーハイさんに担当してほしいとメールしましたが、今はアームチェッカープロジェクトでいっぱいなので無理ですと帰ってきました。コーハイさんからしたらなぜ自分に担当してほしいのか、この問い合わせ対応業務はプロジェクトより優先すべきなのかどうかわからないので、さっさと断ろうとなります。

 メールでもしっかりと目的や業務の優先度を示すことは可能です。しかし実際のところ顔を合わせて話をしたほうが、どの程度重要なのか、自分にどういう期待があるのか、しっかり腹落ちします。

要請をメールで済ませてしまう弊害

メールやチャットだけで、モチベーションを持って業務に取り組んでもらうことは、なかなか難しいものです。非常に重要な案件なのに後回しになったり、目的に対する理解が得られず、十分な成果物が出なかったりします。それでなくてもメールを見るだけで心拍数が上がり、額に汗がにじみ（以下略）。

ここが今回の失敗のポイントです。ついつい業務の要請をメールで済ませてしまい、**業務の意義や価値、目的、期待など十分な説明をおざなりにしてしまった**ため、担当者のモチベーションや業務への理解が不十分となり、対応すべき重要課題を見逃してしまいました。その結果プロジェクトの遅延や顧客対応の遅れ、事業継続のリスクを招くことにもなります。

メールにもいいところはある

　海外から出張に来られた方はよく「日本のオフィスは静かだ」と言います。また日本から海外に駐在している方からは「オフィスのあちこちで話をしている」と聞きます。日本と海外とではコミュニケーションスタイルに違いがあるようです。海外のスタイルのほうがクイックに話が進み生産性も高そうですが、一方随時割込みが発生することで、業務への集中は途切れそうです。

　一方、メールのよさは「自分の都合のよいときに見ることができる」ところで、それゆえ日本的メールドリブンのよさは業務に集中できることでした。ところが昨今メールであっても即時返答の要請があり、常にメールを見ていなくてはならなくなっています。結局メールによって業務への集中が途切れてしまいます。そうであれば、業務内容によっては本当にメールで依頼することがいいのかどうか、依頼の仕方を見直す必要があるでしょう。

　またメールはエビデンスになるという大きな利点もあります。よく業務を要請する際、言った言わないの問題になる場合があります。あのときこうお願いしましたといっても、すでに自分の記憶もあやふやです。口頭でお願いした要請の詳細を正しく伝えるために、メールを併用するというのは悪くない方法です。

直接会って要請する

　少なくとも、業務の要請を行う場合には、直接会ってその業務の重要性や成果への期待を伝えることが大事です。このご時世ですから、リモートワークなどで直接会うことが難しい場合は、Web会議も活用できます。面と向かって伝えることで、要請への正しい理解を助けることができます。メールだけのときとは段違いです。

　業務の価値や重要性、担当者に期待する成果を直接伝えることが大事です。直接話をすれば担当者からも、今取り掛かっている別の業務に関する負荷や、抱えている課題に関しても伝えてくれるはずです。成果を出すために、業務の進め方や落としどころを一緒に考えて合意するということが、追加の業務要請に対するストレスを和らげるポイントになります。

　さらに業務を通じて担当者が成長できる機会であることも伝えられるとよいでしょう。要請する側が自分の考えや思いを伝えることも大事です。

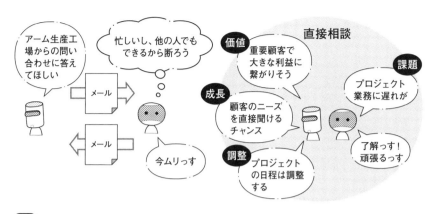

図 業務要請は直接行い、業務の価値を説明する

　メールでは相手の状況が全くわからないまま要請を投げてしまいます。メールを受ける側は「これ急ぎで今日中にお願い」という依頼がいくつも重なってどうしようもなくなります。コミュニケーションは双方向が基本です。業務要請をするときには、直接相手の状況を聞いて調整できる形でお願いをするということを心がけていきましょう。

まとめ

失敗	業務要請をメールだけで済ませ、期待する成果が出なかった

回避策❶	メールだけで済まさず、直接会って要請する。

回避策❷	要請する際には、業務の重要性や価値、成果への期待を伝える

30

変更されない「完璧な計画書」

全員本当の進捗がわかっていない

プロジェクトを始めてみると、様々な事件が発生します。最初に立てた計画通りに進んだ例がありません。それにもかかわらず、計画を変更することには大きなためらいがあります。エライ人の前で「この予算と期間でできます!」と宣言した、その口も乾かぬうちに日程延ばしてとはなかなか言いづらいものです。そうして最初に立てた日程を固守するあまり、ついつい課題を見て見ぬふりしてしまうのです。

崩れっぱなしの計画

　これまでアームチェッカープロジェクトは未解決の技術課題、仕様齟齬による手戻り、アーキテクチャ崩れの修正など、いくつも課題が発生し、遅れも無視できなくなってきました。ですが、いまだに公式な計画は、プロジェクト初期のころに立てた計画書のままです。

　ハルさん、定例の進捗報告会でいつもの計画書を用いて進捗を報告しますが、さすがに説明も厳しくなってきました。

 いくつか課題が出ていること、それぞれの対応策はわかったのですが、日程にはどの程度の遅れが出るのかな？

 いや、まあ今のところ何とか日程内に収められるかと。予定していた日程バッファを使っちゃいますけど……。

　何とか計画を固守しようとするハルさんですが、当初の計画はあまりにも実態とかけ離れてしまっています。

 この機能の実装、少なくともあと1週間はかかります。他の機能も同じぐらいかかっていますから、当初の日程では難しいですよー。

 アーキテクチャ崩れの修正は純粋に追加作業なんで、その分どうしても遅れるっス。でもこれやらないともっと遅れるっスよ。

 状況はわかるけど、日程も重要で変えられないんだ。何とかリカバーできないか考えてほしいんだよね……。

　よほど販売から口酸っぱくリリース日は必達と言われているのか、ハルさんも頑なに日程を変更しようとしません。そのためコーハイさんやシンジンさんも、徐々に課題を報告しなくなってしまいました。どうせ日程は変わらないのでしょ？ という、あきらめ感が漂っています。しかしそもそも無理な日程の中、ただ頑張るというだけでは限界があります。

 シンジンさん、本日は体調不良のためお休みです。コーハイさんも深夜残業や休日出勤が多すぎです。今日も顔色が悪かったので、帰って休むようにお願いしました。

気がつけばチームに負担をかけすぎて、ついにメンバーが倒れてしまいました。

 すまない……プロジェクトの状況が見えていなかったよ。みんなに負担をかけすぎてしまった。まずは正しく現状を理解して日程を見直そう。

計画なきところ成功なし

どんなプロジェクトも、まずは計画を立てるところからスタートします。あてどなくぶらり旅、今日の予定は風まかせ、というのも趣があり楽しいものですが、チームでソフトウェア開発をする場合、そんな風来坊に構っている暇はありません。とにかくしっかり計画を立てることが必要です。

しかし、ソフトウェアプロジェクトは、最初に立てた計画通りに完了することはありません。必ずといっていいほど遅れます。それも1日2日というかわいいものではありません。恐ろしいことに1か月2か月、下手すると年レベルで遅れていきます。

予期せぬ事件は必ず発生する

これは計画を立てたリーダーに能力がないとかそういう話ではありませんし、別に見積もりをしたエンジニアが「天才の俺なら1日でやれるね！（ニヤリ）」みたいに調子をこいているわけでもありません。ソフトウェアの見積もりはとにかく難しいのです。たとえ、その難しい見積もりが奇跡的に正確に作り上げられたとしても、次のような様々な要因でスケジュールはうまく運びません。

● 要望が後から追加された

● メンバーが突然入院した。もしくは会社を辞めた

● 市場で重篤な問題が発覚し、メンバーが最優先で対応することになった

● 他プロジェクトにメンバーが引き抜かれた

- プログラムの基礎になるコンポーネントが販売中止になった。もしくは商用利用できなくなった、もしくは致命的なバグが発覚した

- 実はプログラムの書けないメンバーがいた

- 外注したけど発注ミスがあった

- そもそも作るものを間違っていた

　他にもまだまだありそうですが、当初計画を立てたときには想定していなかったことが日々発生するのです。正直遅れないほうがおかしいぐらいです。

 カチョーさんに「いつこの問題が解決して、全体日程にどんな影響があるのか」って聞かれたけど、即答できなかったよ。あれとこれが関係して、それの前にはあれができていないといけないし。個々のタスクの遅れがどれだけ全体の遅れに繋がるのか、どうやったらわかるんだ……。

計画は見直すもの

　そんなわけで、ちっとも日程を見直さないプロジェクトには要注意です。ソフトウェアプロジェクトはほぼ必ず遅れが出ます。にもかかわらずスケジュールが最初に作ったまま変化がないとしたら、よほど最初からスケジュールに課題対応のゆとりをきちんと入れていたか、もしくは課題が全く見えていないか、あえて見ようとしていないかのどれかでしょう。

　ここが失敗のポイントです。**当初立てた計画を絶対とみなし、見直さない**ことで課題を隠蔽してしまいました。計画を固守するあまり、課題を表に出さなくなってしまったのです。

リスクを計画に組み込む

　まず計画を立てる際には、ある程度リスクを織り込むことが大事です。

- 技術的な課題がいくつか出ることを想定して、対応期間を入れておく

- メンバーにプログラム初心者がいるので、教育の期間や予算と共に、実装時間も長めに確保しておく

- 計画に日程変更のチェックポイントを設けておく

　元来、プロジェクトというものは難しい課題をはらんでいるものです。もし課題がないのなら、それはもはやプロジェクトではないといっても過言ではありません。未知の課題に対応する期間（バッファ）を設け、課題の大きさによっては日程変更もあり得ることを最初から盛り込んでおくことが重要です。

変化に対応した日程管理をする

　日程は必ず変更しますから、変更に強い日程管理が必要です。よくExcelのような表計算アプリで日程計画を立てますが、これはあまりよろしくありません。日程変更のたびに、手作業ですべての関連タスクを追いかけ、破綻がないように組み替えないといけません。表計算アプリではクリティカルパス（※1）がすぐにわからないので、どの日程をどう引き直すと、全体がどのくらいの遅れになるのかが全くわからないのです。正しく日程を組み直せているのかどうか、線表を追いかけるだけで1日仕事です。

　日程管理の上で最も重要なのがクリティカルパスです。これがわかっていないと、あるタスクの遅れがどれだけ全体の遅れに繋がるのかどうか判断ができません。それに加えて重要なのが人員です。スケジュールを組み直すにあたり、メンバーがどれだけ苦境に立たされているのかわからなければ、ただの数字合わせです。クリティカルパスと人員の状況を加味して管理するクリティカルチェーンの考え方が大事です。

　それゆえ、ソフトの日程計画には専用のツールを使うことをおすすめします。例えばMS ProjectやLychee Redmineなどです。気の利いたツールであればきちんとクリティカルパスが一目でわかるようになっていますし、人員の管理もできます。またあるタスクの日程を変えればそれに合わせて全体の日程が正しく動いてくれます。もちろんタスク間の依存関係を入力しておく必要がありますが、そもそもタスク間の依存

※1　クリティカルパス：プロジェクトの各タスクを、プロジェクト開始から終了まで「前のタスクが終わらないと次のタスクが始められない」という依存関係で結んだとき、所要時間が最長となる経路を指します。

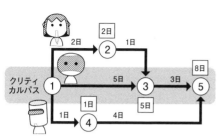
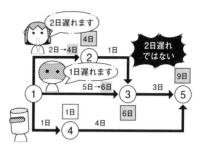

※丸がタスク、丸の中の数字がタスクの順番

図 クリティカルチェーンで考える

関係を設定できないExcelではこれができないのです。

当初立てたスケジュールはほぼ必ず変更する必要に迫られます。絶対に想定外のことは起こります。なので、クリティカルチェーンが管理でき、変更を簡単にシミュレートできる仕掛けを用意し、スケジュールには必ず変化を受け入れるためのゆとり（バッファ）と日程見直しのチェックポイント（CP）を設けましょう。変化に強いスケジュールと変化に強いツールで戦うのです。

まとめ

失敗 計画を変更せず、課題対応の遅れとメンバーへの負担を増やした

回避策❶ 計画にリスクを組み込む（バッファとCPを設ける）

回避策❷ クリティカルチェーンが管理でき、日程変更に強いツールを使う

Episode

31

施策を打ち続ける「カイゼンマニア」

施策は施策でないものを駆逐する
（施策の第一法則）

世の中にはパーフェクトな組織やパーフェクトなプロセスなんてものは存在しません。課題や環境の変化によって日々進化・改善をしていくことが必要です。日本の製造業には古くからこのカイゼンの精神が宿っており、これまで目覚ましい成果を上げてきました。しかし、何でもかんでもカイゼンする「カイゼンマニア」になってしまうと、改善施策で日々の業務が圧迫され、本来の成果が上げられなくなってしまいます。

施策による施策のための施策

　アームチェッカープロジェクトは決して順調ではありません。進めるほどに新しい課題が明らかになり、遅れが拡大していきます。そのため、上長からは日々改善施策を要望され続けています。今日の進捗会議でも、組織として同じ失敗を繰り返さないため、しっかりと対策を取ることを命じられました。そこでハルさんは、早速メンバーを集めて対策会議を開こうとするのですが……。

 えーと、ブチョーさんから日程遅延を防ぐため、「見積もりミスを防ぐ施策」を考えて提出しろと言われたのだけど、手伝ってくれないかな？

 ええ！？ いやーそのーコーディングも遅れているし今日は「仕様間違いを防ぐ施策」のため新しい派遣さんに仕様説明会をしないといけないんス。

 私も安全衛生委員会の「整理整頓施策」があって、実験室を片づけないと。コーハイさん、ちゃんとおもちゃ類は隠しておいてくださいよ。

　何だか、みんなそれぞれの施策対応で手いっぱいです。とはいえ、メンバー不在で施策を決めるわけにもいきません。後日何とかみんなの時間を確保して施策検討会を実施しました。

 見積もりミスはそもそも仕様が詳細まで定まっていない、というのが1つの原因なので、最初に詳細仕様まで書いてレビューする、でいいですか？

 いいですけど誰がレビューします？ ハルさんぐらいしかできないっスよ。めちゃめちゃ業務量増えますけど大丈夫っスか？

 ええ、じゃあレビューできる人材を増やすための教育施策を追加しよう。メンバーが相互レビューできればいいよね。

 その教育の先生もハルさんですよね。レビュアー教育の前に、自分としてはそもそも詳細仕様を書けるようになりたいので、そっちの教育もお願いできるとありがたいです。

　結局「見積もりミスを防ぐための施策」として、詳細仕様のガイドライン作成や、見積もりチェックリスト作成、仕様レビューや教育など、6つの新しい施策を提案しました。

それはいい案じゃ、全部やろう。中でも教育は部署全体で実施しよう！ ハルくん。この施策のリーダーとなって、計画を作ってくれ。

チーム施策のつもりが、気がつくと部署全体を巻き込んだ大きな話になってしまいました。何だかもう1つプロジェクトを任されたような気分です。

 日程遅延を防ぐ施策を考えていたのに、結局やることが増えてプロジェクトが遅れてしまいそうだ。施策はどれか1つにすればよかったよ……。

カイゼン! カイゼン! カイゼン!

日本の企業ではどこでもカイゼン活動が盛んですよね。何か課題が発生したとき、その課題の原因を明確にし、対策を立て、再度同じ課題を発生させないように工夫をします。これは非常に重要でかつ意義のある活動です。特に生産の現場においては、今より安全かつ生産性を向上させるための基本になります。

特に、トヨタのカイゼンは世界的にも有名で、様々な企業が導入しています。現場で働く人が自ら課題を見つけ、対策を実施していくことが特徴です。トヨタ生産方式から学ぶ点は多く、アジャイル開発においても「かんばん方式」など、多くの考え方を取り入れていますね。

施策疲れ

このカイゼン活動はソフトウェア開発においても重要です。これまでご紹介してきた通り、ソフトウェア開発には失敗を呼び込む様々な罠が、随所に張り巡らされています。そのため、カイゼン活動によって組織や仕組みで解決すべきことがたくさんあります。しかし、このカイゼン活動もやりすぎてしまうと、改善のための施策がまた新たな施策を呼び、雪だるま式に施策が増える、施策の輻輳状態が発生することがあります。

例えば「単体テスト項目に抜けが多く、後から重篤な不具合が多発している」という課題をカイゼンする場合、次のように施策を打つたびに追加の課題が発生し、新たな施策が増えていきます。

① 単体テスト項目に抜けが多く、後から重篤な不具合が多発している
　→単体テストのチェックリストを作る（施策1）

② チェックリストに漏れがあってやっぱり不具合が出る
　→過去のテスト項目をチェックリストに追加する（施策2）

③ チェックリストが使われていない
　→チェック済みチェックリストをテストコードと一緒に保存する（施策3）

④ チェックリストが膨大で、テストコード作成に時間がかかる
　→とにかく頑張れ……（施策4）

だって、どんなテストコードにも当てはまるチェックリストなんて作れない
よね。過去例を集めていくと何だか膨大になってきたし。みんなからは、これ
全部テストするんですかって、毎回聞かれるし……。

　施策は一度始めるとなかなか止めることができません。新たな施策は日々増えていく一方です。施策をこなすだけで毎日が過ぎていきます。施策を実施しないと課題がまた発生する、なんて言われたら**開発業務を差し置いてでも施策を実施せざるを得ません**。こうなると施策が施策でないものを駆逐し始めます。本来の業務が滞るだけではなく、業務過多によるメンバーの体調不良やメンタルにも影響が出てくることもあるでしょう。こうしてチームは「施策疲れ」状態になるのです。

ソフトウェア開発は課題が多い

　ソフトウェアプロジェクトは常に多くの課題を抱えながら進みます。その課題すべてに施策を打とうとすると、膨大な施策の量になります。もしバグも課題とするならば、ソフトウェアの規模によりますが課題の数は100や200ではきかないでしょう。非機能要件が達成できないということも課題です。昨日まであんなに元気にしていたメンバーが今日はもう会社に来られないというのも、もしかしたら大きな組織課題かもしれません。昨今では感染症など外部環境要因で業務がストップすることもあります。これらすべてに対して、本来は何らかの施策が必要なのでしょう。とはいえ、課題すべてに重厚なカイゼンを実施しようとすると、施策を考えるだけでメンバー全員

が定年を迎えてしまいます。

　ここが今回の失敗のポイントです。すべての課題に対してカイゼン活動を行い、細かなミスも一つ一つ丁寧に検討した結果、大量の施策が発生し、本来のプロジェクト業務を圧迫し始めました。また始めた施策が止められないことも問題です。止める仕組みがない限り、施策は増え続けます。

課題の根本原因をカイゼンする

　「じゃあ、ソフトウェア開発ではカイゼンしなくていいの？」と言うと、もちろんそうではありません。個々の課題に細かく手を打つのではなく、根本原因に対してカイゼンを実施するのです。個人的な経験から言うと、ソフトウェア開発の課題は概ねコミュニケーションミスと、スキルも含めた人材不足が原因となっています。

コミュニケーションミス

　これまでの失敗エピソードのように、課題の原因は大体コミュニケーションミスに行きつきます。解決法はしっかりコミュニケーションすることしかありません。もちろん話をすることだけがコミュニケーションではありません。例えば、仕様書を書くのも重要なコミュニケーションです。それぞれのフェーズで最も正しく伝わる、ソフトウェア技術者ならではのコミュニケーション方法を考え、施策化しましょう。

人材不足

　昨今、よく人材不足が課題として叫ばれていますが、これは単純に人員の頭数が足りていないのではなく、現場が求めるスキルを持った人員が見つからない・いないことが問題なのです。できる技術者を探してくるのが一番ですが、そんなに簡単にバッチリ合ったスキルを持つ人は見つかりませんし、プロジェクトの途中から人材を追加するのも賢い方法とは言えません。そのような状況下では、プロジェクト内で育成をするほかありません。コードレビューやペアプログラミングを行い、お互いに問題を指摘し学び合う方法が効果的です。あるいはできるだけ自動化を取り入れ、人力で行うことを減らしていくことも有効です。具体的にはCIとかUnitTestなどが該当します。

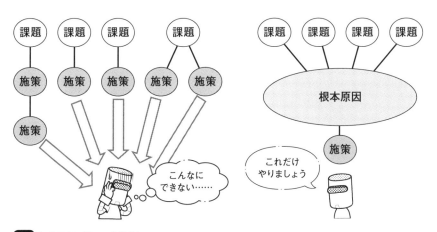

図 根本原因に対して施策を打つ

　表面上に現れる課題を、ちまちま解決するのではなく、その本質に対して大きな一手を打ち、細かい施策の増殖を防ぎましょう。

　また施策は必ず効果を計測し、定期的に見直す機会を設けましょう。効果の低い施策は打ち切ることも必要です。

| 失敗 | 課題ごとに逐一施策を設定し、施策の増大による業務の遅延を招いた |

| 回避策① | 根本原因に対して包括的な施策を打つ |

| 回避策② | 施策の効果を計測し、定期的に見直す |

Episode

32

世の中どうあれ「初期企画至上主義」

企画に価値がなくなる場合がある

一生懸命知恵と工夫と体力を使って開発し、何とか世の中に商品を出せたとしても、結局全然売れなかった、ということがあります。企画段階ではとても好評だったこのソフト。発売するときにはすでに競合から同じようなソフトが出ていたりします。いつの間にか世間が追い抜いて、製品の持つ価値が下がってしまうのです。ただ黙々と日程通りに開発していると、売れない失敗商品ができ上がることになるのです。

194

❝わき目も振らず作っていました

　残念ながらアームチェッカープロジェクトは想定以上の課題の発生や不具合により、当初の予定より遅れることは決定的となってしまいました。そんな状況ですが、ハルさん、急にブチョーさんから呼び出されました。

 今経営者会議があったんじゃが、うちの「クラウドオフィス」がちっとも売れていないようじゃ。発売から10本ぐらいしか売れとらん。緊急でこれから対策会議をするので、カチョーと一緒に参加してくれんかの。

　「クラウドオフィス」はロボチェック社の販売している各種検査システムの情報をクラウドに集約し、分析できるプラットフォームを提供しようというものです。企画した当初は新規ビジネスの柱として肝いりだったのですが。

 競合から安いシステムが出たのよ。しかもAIでデータ分析できるみたい。うちのはデータを保存するだけ。それでも工場で安心してセキュアに使えるクラウドサービスというのが売りだったのだけど、今じゃもう当たり前だしね。価格もうちは高いよ。世の中ストレージだけならタダで使えるし。

 うーん。開発も今まで経験のない分野で結構苦労していますね。AIも当初の企画には入っていましたが、途中で外されています。

　いろいろ話を聞けば聞くほど、売れなくて当たり前のような気がしてきました。企画当初の「セキュアなクラウド」という売りはすでに当たり前スペックになっています。差別化の重要機能だったAIもやめて、競合に勝てる要素がありません。なぜそのまま開発を続けたのでしょう。

 （待てよ。そういえば販売からアームチェッカーにも競合商品が出てきたと連絡があった気がする。むむむ）

　ハルさん、人のふり見て自分のプロジェクトが気になってきました。世の中の流れを見誤ると「クラウドオフィス」の二の舞です。数億の投資をしたのに10本しか売れないなんて。しかも10本とはいえお客様がいるので簡単にはやめられません。サービ

スを維持するためのコストはかかり続け、日々負債が増え続けていきます。大変な失敗です。

 アームチェッカー、今更だけど競合について販売と相談しよう。下手したら出さないほうがましってこともあるんだよなあ……。

「クラウドオフィス」のプロジェクトリーダーでなくてよかったと思いつつ、アームチェッカーは本当に売れるのか、不安が増してきました。

//

なぜかちっとも売れないソフトウェア

最初に企画を立てたときには「このソフトはいい！」「これは売れる！」と盛り上がっていたのに、実際にリリースしてみたらちっとも売れないことがあります。企画書にしたためた景気のいい販売数とは裏腹に、現実は10本とか20本ぐらいしか売れません。余暇に自分で作ったフリーウェアのほうがよっぽど世の中で使われています。なぜそんなことになるのでしょう。

そもそもソフトウェア開発で一番難しいのは何を作るかです。こればかりは正解や決まったやり方がありません。各業界、各分野でニーズは異なりますから、一概にこうすれば売れるソフトが作れる！ なんて簡単な話はありません。

地道にマーケティングや調査をして顧客価値を定義し、顧客の困りごとを解決できるシステムを提案するしかないのです。しかもそれが自社のビジネスに繋がる必要があります。競合に対する自社優位性があり、利益を生み出すものでなければ投資がかかりません。

時間をかけ何度も検討し、たくさんのシステムを考案し、時にはプロトタイプを用いて本当に価値があるのかどうかを確かめます。大変ですけどそうするしかありません。

企画は水物

　このようにして深く検討し、確信を持って企画を打ち出したとしても、その素晴らしい企画は徐々に劣化をしていきます。

- リリースする前に競合から同じものが出てしまった
- 価格破壊が起こって極端に安価な市場になり、当初の費用対効果が成り立たなくなってしまった
- 顧客の課題を解決する、全く新しいものが突如現れ、ニーズがなくなってしまった
- 伝染病など社会的な変化によって市場規模が縮小してしまった

　たとえ、当初はよい企画であったとしても、時間をかけてモノ作りをしているうちに、時代のほうが先に進んでいってしまいます。

　また開発チームがデスマーチに陥ってしまい、日程に間に合わせるため、どうしても重要機能を削らざるを得なくなった、ということもあるでしょう。販売でも、当初の重要機能がないなら売れるわけがないじゃんと思いつつも、新製品が出ないよりはマシと、しぶしぶ機能削除をOKすることもあります。

時代が俺たちに追いついた（そして追い抜いた）

　こうして世の中の流れや開発上のやむにやまれぬ事情によって、企画当初の魅力が失われ、気がつけば誰からも見向きされない「売れないソフトウェア」が誕生します。しかもリリースしてしまったがために、ちょっとしか売れていないのに、不具合に関するクレームや依頼は普通にやってきます。さらにサービス系の製品であればサーバの費用や、運用にかかる人件費など、コストが常にかかり続けます。利益がないのでこれらの費用は完全に持ち出しです。これならむしろリリースしないほうが、ビジネス上はよかったかもしれません。

　ここが失敗のポイントです。**世の中の流れを見ず、ただ当初の計画に基づいて黙々と開発**する「初期企画至上主義」に陥ると、いつの間にか価値のない「売れないソフトウェア」を作り上げてしまうのです。

開発って大変なのよ。毎日たくさんの課題と戦わないといけないし。正直ちゃんと作るということだけでも難しいことなのに、作ったものに価値がないなんて……。

　ここで大事なのは、**どのような機能や要素が顧客に刺さるポイントだったのかをきちんと見直す**ことです。一生懸命調査しPoC（Ploof of Concept）を行い、苦労してビジネスになると確信できた最初の企画は、いったい何が一番大事なポイントだったのか。もしそのポイントが時代によって輝きを失ったのであれば、一旦プロジェクトを止めてでも企画を見直さねばなりません。日程に遅れが出ているからと言って、その「輝きのポイント」を削除してしまうなんて問題外です。

輝きが失われていないか点検する

　最初の企画を立てたときに見つけた「輝きのポイント」は関係者みんなが忘れないように、仕様書に明確に記載しておきましょう。仕様書に輝きのポイントという章を設けていいぐらいです。そしてその輝きのポイントが要求仕様書、要件定義書のどのフィーチャーに結びついているのかがわかるようにしておきましょう。経営者から「君のプロジェクトの輝きのポイントは何だい？」と聞かれたときにチームの誰もがすぐ応えられるよう、毎日見えるところに書いておくとよいでしょう。プロジェクトに専用のスペースがあれば、大きく手書きで張り出しておくのもいいですね（アナログな手法には侮れない力があります）。

　そして、開発中は定期的にその「輝きのポイント」が失われていないかどうかを点検してください。週に1回、いや1か月に1回でも、点検タスクを計画化するとよいでしょう。

　企画に携わるメンバーみんなでこの点検タスクを実施すべきです。メンバーそれぞれの得意な観点で点検すると効果が上がります。例えば販売からはビジネス的な変化を見つけやすいでしょうし、開発からは今後脅威となるような技術の発芽を捉えることができるかもしれません。

　もし輝きが失われるリスクを見つけたら、開発の途中でも**一旦プロジェクトを止めて企画を見直すこと**が大事です。突如現れたコンペティターによって企画当初の売り上げ想定がどう変わるのか、もし売り上げにインパクトがあるのなら、どういう機能を提供すれば勝てるのか、またそれによってどれだけの投資が必要になるのか。改め

て作戦を見直さねばそのリスクは現実になります。

　「今日も俺のプロジェクトは輝いている！」と毎日自信を持って進めるためにも、ぜひアンテナを広げ、世の中の動向にも目を配ってください。

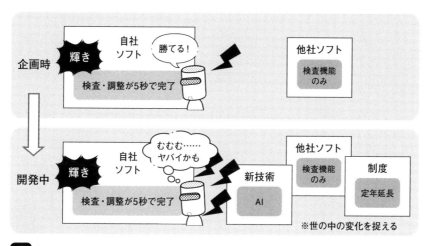

図 輝きのポイントを点検する

失敗 ：競合の状況でソフトウェアの価値が落ちていることに気づかず、売れないソフトウェアをリリースしてしまった

回避策 ：定期的に顧客の課題、競合状況や新規技術などの変化を調査し、リスクがあれば企画内容を点検する

リリース直前に発覚「ステルス課題」

次々とやることが出てくる

開発の各段階で様々な課題を乗り越え、何とかリリースの見通しが立ってきました。おめでとうございます！ といいたいところなのですが、重要課題を優先するあまり、後回しにして忘れていたことはありませんか？ きちんと作るべき成果物がWBSに挙げられていてタスク化されているといいのですが、リリース直前に大物の作り忘れが見つかると最悪です。すでに人も時間もお金もありません。どうする！？

それもいるのですか？

　アームチェッカープロジェクトもようやく全機能の実装を終えようとしています。想定外の様々な課題により、予定通りとはいかなかったものの、こうしてゴールが見えてくるとやる気も出てきます。早速、品質保証部門と出荷に向けた評価の打ち合わせをしています。

 物はこれだけ？ ハードとしては測定デバイスだけ？ ACアダプタとかUSBケーブルは？ 同梱するよね？

 え？ あーそうです、同梱します。あー、調達部署と相談します……。

 ちょっと今から間に合うの？ ちゃんと業者からの納品仕様書出してね。禁止物質が含まれていないというエビデンスも出してもらってね。

　ハルさん、ソフト技術者ですから、なかなかハードウェアの出荷に必要なものまで気が回っていません。ヒンシツさんに次々と不足物を指摘されます。

 ソフトを収めるメディアはUSBメモリだっけ？ これもないわね。同じく納品仕様書も用意してね。それからUSBメモリに貼るラベルとか銘版はどうするの？ あとライセンス許諾書も入ってない。さすがにいると思うんだけど文面は法務担当と相談してね。あ、法務と言えば、製品に使っているライブラリの使用許諾条件は大丈夫？ コピーライトとかどこかに記載しておく必要はないの？ それからライセンスコードはどうするの？ ライセンス証書を印刷して同梱するんじゃなかったっけ？ シートのフォーマットはできている？ 証書に使う紙の納品仕様書は？ 証書はどこで印刷するの？

 うえええ。

　大変です。全然出荷準備ができていません。もしリリース日までに調達できないものが出てきたら、即アウトです。

 各国のNマーク認証は間に合うの？ ないと出荷できないわよ？ あ、輸出のための該非判定は済ませているわよね？ あと対応OSだけど……。

いったい後どれだけ忘れ物があるのか。ものによっては致命的な遅れに繋がります。とにかく点検して、すべて洗いざらい必要なものを出すしかありません。さっきまでの明るい雰囲気が、もうすっかりお通夜のようです。

　そういえば、ライセンス発行の手順とか、顧客クレームのエスカレーション方法とか、何も決めてなかったぞ。せめて担当者を決めないと何も動かない。急ぎ販売と相談しなくちゃ……うー胃が痛くなってきた。

///

俺たちあとどれだけやることが残っているの?

　計画時にしっかりと成果物を検討し、WBSでタスク化していたにもかかわらず、想定しきれなかったものがリリース直前になってぽろぽろ出てくることがあります。今月のリリース予定に対し「95%までできています」と言っていたのに、ちっとも終わらない。進捗のプログレスバーがなぜか95%で止まってしまう謎がここにあります。忘れ物がぽろぽろと見つかり、やることが増えているのです。

デスマーチプロジェクトたる所以

　やることが増えるというのは、いかにもデスマーチプロジェクトらしい状態です。結局、成果物の想定が足りていないのです。事例のように実は紙のライセンス証書が抜けていました、となったので念を入れて他に忘れ物はないか聞き始めると、芋づる式に次々と足りない成果物や、未確認項目が出てきます。

　紙のライセンス証書は中国でのビジネスに必須だということから、実は海外対応が不十分ということがわかり、その観点で点検を進めるとEU 一般データ保護規則（GDPR）への対応が未検討であるとか、販売国に向けたライセンス許諾書（EULA）が準備できていない、といったことがわかってきます。

　紙のライセンス証書って本当にいるの？？ ライセンスコードをネット経由で発行したらいいじゃん。え？ 中国ではだめ？ し、知らなかった。ライセンス許諾もPC1 台限定でいいと思っていたけどダメなの？ えー？ 文面を法務と相談しないと。弱ったなー。

販売や顧客サポートに必要な成果物が漏れがち

　そして、結局俺たちあとどれだけやることが残っているの？　ということなのですが、具体的には次のような項目が忘れられがちです。

- 提供メディアのラベル作り（生産部署、品質保証部署と相談）

- ライセンス証書のデザインと文章（法務部署にも確認）

- ライセンスコードの発行ツール（生産部署に提供と使い方説明）

- ライセンスの発行ルール（販売部署と相談）

- 問題が発生したときのエスカレーションルール（販売部署、品質保証部署と相談）

- ソフトウェアの使用許諾（法務部署と相談）

- 利用しているモジュールの使用許諾確認（法務部署と相談）

- 翻訳および翻訳内容の確認（海外販売部署への確認依頼）

- セキュリティ脆弱性チェック（法務部署と相談）

　つまり開発部署外での必要要件が忘れられがちになります。運用設計が必要なソフトウェアの場合には、これらの項目は企画の最初の段階で考えるべきことです。しかし、アームチェッカープロジェクトのように、ハードウェアと一緒に販売する売り切りソフトウェアの場合には、製品のモノとしての企画が重要視され、販売やサポートにかかる検討はつい後回しになりがちです。

　生産関係の忘れ物は少し早めに気がつくのですが（生産準備を早めに行うため）、販売に必要な成果物は、リリース間際、「さぁ売ろう！」という段階になって初めて足りないことに気がつきます。

　「いや、これら全部が全部開発部署の仕事じゃないよね」といいたいところですが、例えばライセンスコードを技術的にどう発行するのか、問題が起こったときのログを、どう取得してどう吸い上げるのか、セキュリティ事故が起こったらどうエスカレーションしてどう素早く修正展開するのか、といったように開発部署が絡まなくては解決しないことが多々あります。しかも、それらは開発部署だけでは決められない、数々の部署との相談や検討が必要なタスクばかりです。

　リーダーもうすうすこれらの必要性を感じてはいたものの、他部署がやってくれると思い込んでいたり、あまりにも面倒なので、無意識に見て見ぬふりになっていたり

と、目を背けがちになってしまうことが問題です。

　ここが今回の失敗のポイントです。**販売に必要な成果物が、事前に漏れなく挙げられ
ておらず、計画化もされていなかった**ため、リリース直前になって販売できないこ
とが判明しました。せっかくモノはできてきたというのに……。

漏れなく成果物を挙げるしかない

　回避策は、結局漏れなく成果物を挙げるしかありません。これまでのエピソードで
ご紹介した通り、WBSを成果物からブレークダウンしたり、ステークホルダーに点検
してもらったりすることが重要です。

　成果物を漏れなく挙げるため、企画時には企画や販売、顧客サービス、生産、品質
保証のキーマンを集めてワークショップを開くことをおすすめします。この製品をど
うやって顧客に届け、サービス終了までサポートするのか、みんなでアイデアを出し、
漏れなく想定し、キーマンの誰もが困らないような仕組みを絵に記すのです。

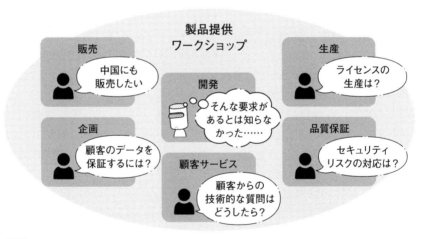

図 ワークショップで製品ライフサイクルをサポートする仕組みを想定する

　販売開始時だけではなく、製品が終了するまでのライフサイクルをイメージすると
よいでしょう。またビジネス的に失敗したときの撤収プランまで考えられると、なお
よいです。製品ライフの終了まで検討を進めると、製品終了後も顧客のデータを生か

すためのエキスポート機能も必要だね、などと必要な機能が見えてきます。結局、これらも要求仕様や要件定義の話なのです。

またこのワークショップで作り上げる絵、すなわちビジネス全体のシステム図や製品のライフサイクル図は、成果物の抜け漏れを防ぐだけではなく、昨今ますます重要度を増してきた、製品のセキュリティリスクを点検する役にも立ちます。製品を利用しているときのリスクだけではなく、製品を作る際や搬送時、顧客サイトに設置する際のリスクも見えてきます。

こうしたビジネス全体を表す図は重要な成果物です。ステークホルダー全員で共有し、必要に応じてアップデートしましょう。

まとめ

 失敗 ： **成果物に漏れがあり、販売が開始できない**

 回避策❶ ： **WBS を成果物から展開して作成する**

 回避策❷ ： **企画、販売、顧客サービス、生産、品質保証のキーマンを集めてワークショップを開催し、成果物の抜け漏れを防ぐ**

会議5分前のエンターテイナー

　ほんと会議って怖いですよね。叱られたり、失敗を追及されたり、宿題が増えたり。会議に出ると考えただけで胃が痛くなります。

　そもそもなぜ「会議」を開催するのかというと、会議の参加者が自由に意見を述べ、フラットに議論するためです。会議では当事者も含め、会議に集まった有識者全員が自由に発言し、議論し、様々な観点から物事を見て、それらの情報を踏まえ、決裁者が議題に対して結論を決定します。参加者が気軽に発言できないと、決断のために必要な情報も集まらず、決裁者は結論が出せません。

　したがって、会議の決裁者は自分のためにも、会議をフレンドリーで発言しやすい場にしなくてはなりません。そこで会議が始まる前の5分間を、参加者全員が話しやすくなるような雰囲気作りに使います。会議の5分前には会議室に入るようにしていて、集まった参加者と一緒に次のような話をしています。

 ちょっとなぜか唇が腫れちゃって……

 えぇ！？ほんとだ！雑菌かなんかですかね？

 そりゃーストレスですね（ニヤリ）それか会社アレルギー

 やっぱり？じゃ今日は早めに帰っていい？（ニヤリ）

　会議に参加するみんなが、会議中一度は声を出せるように、楽しい話題を振りまきます。一度でも発声すれば会議でも声を出しやすくなります。何しろ主催者自らバカな話をしていますから、少々変な発言をしても怒られない、という安心感にも繋がります。今日起こった面白い出来事とか、最近観た映画だとか、昨日作ったご飯だとか、主催者から話題を振りまいて参加者に会議の場を楽しんでもらいます。

　もちろん会議自体は厳しい内容のときもあり、つらい決断をしないといけないこともあります。そんなときでも参加者みんなが忖度なく意見を出し、議論をする中から結論を導くことができれば、それだけ参加者にとっても納得感が高まるでしょう。**厳しい状況ほど話しやすい雰囲気作りが必要**です。

　会議を有意義にするためにも、ぜひ今日から「会議5分前のエンターテイナー」になってみてください。

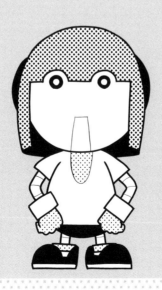

Episode

34

バグが出ない「開発者バイアス」

開発者は無意識のうちにバグを避ける

アームチェッカーもようやくすべての機能実装が完了しました。次は品質保証です。多くの企業では、製品を世の中に出す前に第三者評価を行い、品質が企業として保証できるものかどうか判断をします。ここがソフトウェア開発の正念場です。これまで開発でしっかり機能テストをしたはずなのに、なぜか品質保証のチームから想定を上回るバグが報告されてきます。果たして無事リリースができるのでしょうか。

僕のPCでは動きますよ

　アームチェッカーもついに品質保証部門での評価ステージに突入しました。当初、アームチェッカーのソフトウェア規模から最終的におおよそ100件のバグが発生すると想定し、評価と修正の期間を予定していました。ところが評価開始1週間で早くも予定の100件を超えそうです。コーハイさんは状況確認のため慌てて品質保証部門に来ました。

これほんとに全部バグっスか？ 数が多すぎる気がするんスけど。例えば #0089 とかは僕のPCではちゃんと動作しますよ？

チケットに再現手順も書いているでしょ？ 確実に発生するわよ。この評価用 PCではほら、こうしてこうして……ほら落ちた。

いやいや、それ設定パラメータが全部ゼロですよ。それは動作条件としてあり得ないっスよ。

パラメータは手動で入力できるんだからゼロもあり得るでしょ！ 落ちるのは問題外。修正してね。

　どうも開発時には全く見ていなかった条件から、次々とバグが出てきているようです。その中には開発側で再現できないものもあり、コーハイさん、そのたびにヒンシツさんに見てもらうのですが……。

やっぱり #0103 はバグじゃないですよ。僕の環境では動きますよ。ほら、こうしてこうして……。

ちょ、ちょっと待って。何よこのファイル。こんなのもらってないわよ？ ちょっとこのファイル外して動作させてみて。

……落ちた。

このファイルはいるの？ いらないの？ いるなら評価やり直しになるんだけど。追加の日程も人も確保していないわよ。どうするの？

この件ではコーハイさんがデバッグ用に仕掛けておいたログファイルに、ソフトウェアの動作が依存してしまっていたようです。コーハイさんの環境ではこのファイルが存在しているため、これまで問題が発覚しなかったのです。

こうして想定外の不具合がどんどん積みあがっていき、最終的に想定の倍、200件近い不具合が検出されました。とはいえバグ修正の期間は100件分しか確保していません。またしても日程遅延の大ピンチです。

第三者評価で新種のバグが発見される

ソフトウェアの品質を早い段階から確保するには、ユニットテストが効果的です。機能を実装するとき、一緒にテストコードも作って動作の確認をするのです。ユニットテストがオールグリーンであれば、各機能が「壊れていない」ことを担保できます。アームチェッカープロジェクトもユニットテストを導入していました。

すべての機能を実装し、ユニットテストがオールグリーンであることを確認し、自信を持って品質保証のチームに第三者評価を依頼します。何しろオールグリーンです。第三者評価したってバグなんて出ないよ、と高をくくっていたのですが、開けてみると出るわ出るわ。次々と不具合が報告されてきます。

うそ。想定の倍以上バグが出ている。ここへ来てリリース日程を伸ばすなんて、了承してもらえるのだろうか。バグ修正の助っ人を頼むにしても、一度もコードを見たことない人が入って可能なのか……。ちゃんとユニットテストもしているのに、どうしてこうなった？

第三者評価の重要性

第三者評価で想定外の新しいバグが発見されるのは、そもそも開発者がその条件でテストしていないからです。十分やっているようで実は十分ではないのです。例えば、次のような点で評価に抜けが出てしまいます。

- 機能の評価が足りていない

- 機能の組み合わせ評価が足りていない

- 異常系の評価が足りていない

機能の評価が足りていない

　機能テストも十分網羅して実施することは難しく、残念ながら検討漏れがあります。必要な境界条件が漏れていたり、間違っていたりします。

　例えば、ロボットアームの指の動作を取得する機能に関して、ユニットテストでは指の関節の動作角度範囲を0°〜100°で確認していたとしましょう。ところが第三者評価で指を反らせて（関節角度をマイナスにして）動作を確認すると、ソフトが落ちてしまいました。ユニットテストで見ていないマイナス値にバグが潜んでいたのです。いやいや普通、関節は逆に動かないよね？ という勝手な思い込みが働いて、境界条件を見誤ってしまったケースです。

機能の組み合わせ評価が足りていない

　機能単体としては想定通りに動いたとしても、複数の機能を組み合わせると問題が出ることがあります。例えば、前述のロボットアームにおける指の動作を取得する機能も、指を1本ずつ動かして、動作を取得すると問題はありません。ところが中指と小指だけを同時に動かすと、なぜかソフトが落ちてしまいました。

　いやいやいや、中指と小指だけ同時に動かすことってあるの？ いらないでしょ？ と思いたいところですが、もしかすると生産検査として中指と小指だけ同時に動かすケースがあるかもしれません。もしこのバグで生産が止まったりしたら、顧客に大きな損害を与えてしまいます。

　とはいえ、機能の組み合わせは無限にありますから、すべての組み合わせをテストすることは非現実的です。結局、機能の組み合わせを取捨選択することになりますが、そこにはどうしても評価者の思い込みが入ってしまい、バグを取り逃がしてしまいます。

異常系の評価が足りていない

　また異常系の評価漏れもあります。例えば、これまた前述の「指動作取得機能」ですが、ロボットアームの薬指の場所に間違って中指がついていた状態で測定すると、やっぱりソフトが落ちてしまいました。

いやいやいやいやい、中指を薬指につけたりする？ そんなことは常識的にあり得ないでしょう、と思いたいのですが工場ではどんなトラブルが発生するのかわかりません。勝手にこっちの思い込みで条件を決めているだけです。

とはいえ、異常系についても条件は無限に存在します。実際にどこまで異常系を考慮すればよいのかは、**顧客のユースケースをよく理解しておく**しかありません。

開発者は無意識のうちにバグを避ける

バグは開発者が見ていないところから現れます。一方、開発者は中身（コード）を知っていますから、ソフトが正しく動く道筋を理解しています。そのため無意識のうちに、その正しく動く道筋を中心にテストをし、問題が出ないように状況を整えてしまいます。

もちろん、自分はそんなことはしない！ 第三者の目でロジカルに評価している！という方も多いと思いますが、実装を行っている若手や委託業者など、顧客がどんな環境でどう使うものか、十分理解している人ばかりではありません。どうしても自分の常識や、思い込みなどで評価に抜けが出てしまいます。

ここが失敗のポイントです。**顧客の使用環境、ユースケースを十分テストケースに反映できていなかった**ため、第三者評価で想定外のバグを出してしまい、リリースの遅れを招いてしまいました。まだ第三者評価で発見されたのならいいほうです。もし市場に不具合が漏れてしまったら、顧客に大きな損害を与えることになってしまいます。

ユーザーの観点を開発評価に取り入れる

バグは早期発見が鉄則です。そもそも設計の段階でバグを押さえ、最初からバグを仕込まないことが肝要です。そのためには各機能の動作確認だけではなく、組み合わせ評価や異常系の評価も開発の早い段階から行い、不具合に応じて設計を見直す必要があります。

またテストケースは無限に存在しますが、あくまで顧客がどう使うのか、顧客のユースケースを基に取捨選択することが望ましいです。特に顧客の使い方を理解している販売や品質保証と連携してテスト戦略を立てることが近道です。どういう評価を

開発段階から実施するべきか、早期にステークホルダーと要件を満たすテスト戦略を立て、合意しましょう。

　ただし、テストや評価だけでは製品の品質は上がりません。あわせて不具合を修正する計画も必要ですし、設計や実装も含め、プロジェクトの初期から戦略的に品質を確保していくことが重要です。

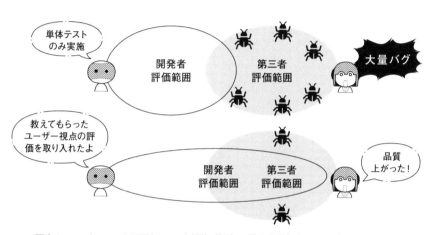

※顧客のユースケースから不要なテストも相談、検討し、開発者評価をスリムに保つ

図　第三者評価チームと連携する

　まとめ

失敗　：開発時の評価に漏れがあり、第三者評価で想定以上のバグが発生した

回避策　：顧客のユースケースを基に、ステークホルダーと連携して早期に開発時のテスト戦略を立てる

213

Episode

35

作ってみてのお楽しみ「出たとこ性能」

パフォーマンス問題は致命的

品質保証の段階で想定以上にバグが出てしまった場合、軽微なバグは「割り切って」出荷し、バージョンアップ時に修正するということをします。しかし、パフォーマンスの問題は、そうはいきません。ファイル読み込みに10分もかかったりすると、正しく動いても商品としては問題があります。しかも、これらのパフォーマンス問題はデータ構造やらアーキテクチャやら根本の設計に関わるため、修正も困難を極めます。

その遅さには我慢ができない

　最終的にアームチェッカーは第三者評価で想定の倍、200件近い不具合が報告されてしまいました。もともと100件分の修正時間と人員しか確保していませんから、このままでは全くリリースに間に合いません。そこで品質保証部門と一緒に、一旦今回のリリースでは目をつぶって次のバージョンアップ時に修正する「割り切り不具合」を選定することにしました。

 #0048は先送りでいいんじゃない？ たまにデータの最後にごみがつくのは実害ないじゃない？ 測定データは間違いないんだし。

 だめでしょう！ 絶対に「これ何だ？ このデータ正しいのか？」となりますって。顧客からのクレーム待ったなしですよ。直しましょう。

 #0157のデータ通信で1件5秒かかる件は勘弁してほしいっス。一応ちゃんと転送できるし、測定ごとに転送すればそんな問題じゃないっス。

 1件5秒だと10000件なら14時間近くかかるじゃない！ そんなの我慢できる人いないわよ。

　できるだけ不具合を先送りしたい開発と、できるだけ直してほしい品質保証部門の思惑ががっぷり四つです。特にパフォーマンスに関して我慢できるかどうかはユーザーの使い方次第ですから、あわせて販売の意見も聞くことにしました。

 いや1件5秒はまずいよ。そもそも「アーム1本につき計測開始から調整完了まで5sec以内」という重要仕様は生産性の目標から決まっているんだ。せめてアーム取り換え時間の3秒以内に次の計測を開始できないと、目標の生産性が達成できないよ。5秒はあり得ないな。

 じゃあ例えば測定ごとにデータ転送せず、タイミング見計らってラインのアームチェッカーをごっそり取り換えて、バッチでデータ転送を行うとか……。

 いやあ、それはないよ。一度ラインに組づけたものは触らないのが鉄則だよ。顧客に取り換え用の余分なシステムを買ってもらうのも問題だし。

やっぱり販売からも却下されてしまいました。結局100件の不具合を先送りするつもりが、50件しか認められませんでした。特にパフォーマンスの問題が残ってしまったのは致命的です。何しろ現時点では全く改善のめどが立っていないからです。下手をするとさらに1、2か月の遅れに繋がる可能性もあります。

 無念、思ったより割り切れなかった。これで遅れは確実だ。えーと、カチョーさんにバグ修正の助っ人をお願いして、通信速度に関しては……うぅぅ。

まずは割り切っていこう

　たいていのソフトウェアプロジェクトではリリース直前になっても、到底修正しきれない数のバグが残っています。アームチェッカープロジェクトに関しても、第三者評価で想定の倍、約200件のバグが指摘されました。予定していたリリース日までにはどう頑張っても100件しか修正できません。バグ修正のために他プロジェクトから助っ人をお願いしたとしても50件は残るでしょう。

　こうした場合、いくつかの軽微なバグについては一旦目をつぶり、致し方ないと割り切って出荷をし、次のバージョンアップのタイミングで修正をかける、という方針を選択します。例えば、次のようなケースはこの「割り切り不具合」の候補になります。

- データファイルがないと落ちる（空ファイルでもあれば問題ない）

- 日本語のファイルパス上にインストールすると動作しない

- 言語をドイツ語にすると文字が欠けて途中までしか読めない（文字欠けが重要な機能不全にならない場合）

- アイコンが小さいサイズしかなく、4kモニターで見ると粗い

- あるはずのないメニューが見えている（でも選択はできない）

　大体回避策がある、もしくはGUI上だけで機能に問題がなければ、何とか我慢して出荷できるケースはあります。例えば、ドイツ語で文字欠けしてしまう場合は、いつ

そのことそこだけ英語にする、という手があります。読めないよりは英語で書かれているほうがまだましです。

　まあ、あるはずのないメニューが見えるのは怪奇現象ではありますが、表示リソースに空白文字を入れることで、とりあえずなかったことにします（変なところでメニューが間延びしているけど、気にしないで！）。

リリース直前はできるだけコードを触らない

　リリース直前にもなって、これら「割り切れるバグ」のためにソースコードをいじっていると、不要なバグを新たに増やしてしまうことにもなりかねません。常にバグは直すことが正義とは限りません。プロジェクトが使える残り時間との兼ね合いですが、リソース部分の変更だけで何とかならないか、あるいは取説で対応できないかなど、できるだけコードを触らずに解決できる代替案を検討します。

侮れない「パフォーマンス問題」

　一方、重要仕様は絶対に割り切れません。アームチェッカーの場合は「アーム1本につき計測開始から調整完了まで5sec以内」という重要仕様が決まっています。これが10秒かかります、では通りません。さすがにこうした重要仕様は、最初に実現可能性を検証し、随時実測して5秒以内であることを確認してきますから、リリース前になって問題発覚！とはならないでしょう。

非機能要件に要注意

　しかしながら、重要仕様ではないといっても非機能要件には要注意です。例えば、次のような課題は必ず割り切れるとは限りません。

- 起動にやたら時間がかかる（でも問題なく起動はする）

- データセーブ、ロードにやたら時間がかかる（でも問題なく機能はする）

- グラフ等、描画にやたら時間がかかる（でも問題なく描画はする）

- デバイスとの通信にやたら時間がかかる（でも問題なくデータは送れる）

　起動がちょっとくらい遅くてもいいじゃないの。立ち上がっちゃえばこっちのもん

217

でしょ？ どうせ最初の一回だけでしょ？ などと作った本人は思うものですが、よく思い出してみてください。かのソフトウェアの達人たちが手塩にかけて育てた英知の集合体であるWindowsさんも、どれだけ立ち上がりが遅いと言われ続けてきたことか。顧客のユースシーン次第では、アプリの起動時間が致命的になるケースがあるかもしれません。

非機能要件の目標を立て、継続して計測する

　事例のようにデータ通信で1件5秒かかるという課題は致命的です。通信時間に関しては重要仕様にも挙がっておらず、これまでノーチェックでしたが、実はあまりに遅いとこれも生産性に関わります。想定外の大問題です。

　測定時間はハードチームとも連携して、常に計測していたので、目標達成できているのはわかっていたけど、まさかデータ通信に1件5秒もかかるとは。いや初期のころは瞬時に転送できていたので課題にしなかったのだけど、いつからどうしてこうなった？

　ここが失敗のポイントです。**重要仕様以外の非機能要件について、目標値を設定せず計測もしていなかった**ため、リリース直前になって大きな問題になりました。少なくとも3秒以内に通信と保存が完了しないと、顧客の生産性に大きなダメージを与えてしまいます。生産性を上げるためのシステムを導入したら逆に下がった、なんてシャレになりません。当然割り切ることはできず、通信と保存のボトルネックを調査し、無駄に時間を使っている箇所を突き止め、改修し、改めて変更の影響範囲を評価し直すことになりました。非機能要件の課題が結局1か月の遅れを招いたのです。

目標は顧客の利用シーンから決める

　このようにリリース直前になって、非機能要件に関する課題が出てくると致命的です。非機能要件を設定せず、目標も置かず、「出たとこ性能」の勝負では、課題が見つかったときに取り返しがつきません。**要件定義時には必ず非機能要件も目標値を立て、実装しながら随時測定し、未達なら改善する**ことが重要です。

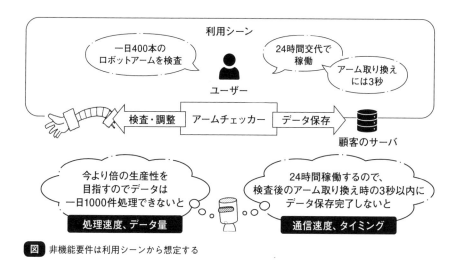

図　非機能要件は利用シーンから想定する

　非機能要件の目標値は顧客の利用シーンから導きましょう。顧客がその機能を使う作業をどのくらいの時間で完了しないといけないのか。またどのような頻度で利用するのか、などから導きます。利用シーン上不要と思われる非機能要件であっても、適度にゆるい目標値を設定し測定をしましょう。意外にもそのゆるい目標すら達成できないことがあります。

まとめ

失敗 ┆ **非機能要件未達で大幅な手戻りが発生。リリース日程が遅れた**

回避策 ┆ **要件定義の段階で、顧客の利用シーンを基に非機能要件をリストアップし、それぞれ目標値を設定しておく**

Episode
36

すべてのバグを許さない「ゼロバグ出荷」

すべてのバグを直すべきではない

実際ソフトウェアを出荷する際にバグがゼロなんてことはあり得ません。たいてい、いくつかの「割り切り不具合」が残っています。直せるものを直さず出荷するなんて、技術者の沽券に関わるわけですが、コストとビジネスチャンスを天秤にかけて「割り切る」ことも大切です。誰も遭遇しないようなバグを直している隙に、せっかくの大きな売り上げを逃してしまうかもしれません。

割り切ったはずなのに

　品質保証部門や販売との合意を取りつけ、何とか200件の不具合対応を150件に減らすことができました。50件は次のバージョンアップで対応する予定です。しかし、計画上は100件分の不具合対応時間と人員しか確保できていません。そこでカチョーさんとも相談し、2名のソフト技術者に不具合修正の応援を、また2名の評価技術者にテストの応援をしてもらうことになりました。ハルさんはひたすら修正箇所のレビューです。

 ハケンさん。えーと、#0133は割り切ったので修正しなくてもいいのですが、何か変更されていますよね？ これはどうしてですか？

 あ、それは#0121修正しているときに、同じやり方で#0133も直りそうだとわかったので、ついでに直しておきました。

 そ、そうなんだ。あーありがとうございます……。

　ハルさん、ついお礼を言ってしまいましたが、少し困ったことになりました。予定になかった項目のレビューや、テストを実施しなければなりません。もともと時間も人も足りなくて応援してもらっている状況なのに、余分なタスクが増えてしまいました。とはいえ、せっかく直してもらったものをむげにはできず、品質保証部門とも相談の上、不具合#0133は改めて修正対象にしました。しかしまた次の日……。

 おおいコーハイ。何で#0174の「アーム抜き取りバグ」に手を入れているのよ。割り切ったじゃない。評価が追加になって大変なんだよ。

 これ「計測中にアームを抜き取ったらエラーになってデータが残らない」と言うだけなんで、エラー時にデータを消すのを止めるだけなんス。たった一行削除するだけでできるんで。やっときましょうよ。

　致し方ありません。せっかく検討してくれたのならと、再度品質保証部門に掛け合い、この件も修正対象としたのですが、実はこれが大間違い。エラーの処理を変えてしまったがために、他のケースでのエラー時の挙動も変わってしまい、大量の新規不具合を発生させてしまいました。何しろソフト全体に影響があるので、改めてすべて

の評価をやり直すことになりました。

 失敗したー。こんなに作業が増えてはまたまた遅れが拡大しちゃう。#0174対応なしに戻したほうがいいのか、このまま進めるべきか……。

///

バグはすべて直すべきではない

　ビジネスとしてソフトウェアを作ることになって、筆者が最もカルチャーショックを受けたのは、「バグはすべて直すべきではない」ということかもしれません。

　企業活動はすべてがInputとOutputのバランスにあります。どんなに素晴らしい成果が上げられたとしても、とてつもない費用がかかるのであれば、本当に実施するのかどうか、判断が必要です。

　この「バグはすべて直すべきではない」という視点を持つことは、ソフトウェアのプロとして重要です。バグだからと言って直すかどうかは、限られた時間、費用の中では慎重に検討しなければなりません。見つけたバグを片端から直していては、とてもコストに見合いませんし、もしかしたらせっかくの自社ビジネスチャンスを、ひいてはユーザーにとってのビジネスチャンスをも棒に振ってしまうかもしれません。

技術者でもありビジネスマンでもある

　特に技術者としては、自分の出したバグは許せない！ すべて消し去ってくれるわっ！ とか言って、小さいバグをちまちま直したくなるものです。

　その気持ちはとてもよくわかるのですが、時間は貴重なコストであることをよく考えてみてほしいのです。その細かいバグを直す時間で、もっと素晴らしいことができるのです。

　またバグの修正は自分の時間を奪うだけではありません。バグの種類によりますが、出荷する前にバグ修正の影響する範囲を改めてテストし直す必要があります。その修正が、ソフト全体に影響するようであれば、結局全体の動作を評価し直すことになります。

　またちょっとしたGUIの文字修正だけでも、その画面が取説に載っているなら差し替える必要があります。しかも、もしその修正した文言が取説のいたるところで使わ

れていたら。またもしその取説がすでに印刷済みだったら……。下手をすると印刷物をすべて破棄、なんてことになりかねません。

　ほんのちょっとの修正が、様々な変更や確認のやり直しを呼び、大変なコストや時間がかかってしまいます。

　ここが失敗のポイントです。**すべてのバグを直そうとして、想定以上の時間やコストがかかってしまい**、重要なリリースタイミングを逸してしまいました。

　アームチェッカープロジェクトは、不具合対応の失敗から、結局リリースに間に合わせることができなくなりました。重要顧客の生産ライン構築タイミングにも間に合わず、このままでは大きなビジネスチャンスの喪失です。

　修正としてはほんの1行でも、その変更がシステム全体に影響するってことがあるのだなあ。まさかほぼすべての評価をやり直しになるとは思いも寄らなかったよ。失敗したなあ。

直すべきか直さざるべきか

　例えばアームチェッカーにおいて「1. 左アームの検査を、間違って右アームとして測定したときにエラーにならず正常終了する」「2. 検査中にアームを抜き取ると、エラーになるがエラー時の測定データは残っていない」というバグがリリース直前になって上がってきたとしましょう。果たしてこれらのバグは直すべきでしょうか。

　この場合、1. は直す、2. は割り切る、というのが1つの考え方です。1. の場合にはエラーにならないのが問題です。顧客には事後測定データが正しいものと間違っているものを区別できないため、一度問題が起こるとすべての情報が信用できなくなります。これは顧客にとって大変な損失です。また実際に右アームのラインと左アームのラインが混在することもあるでしょう。

　一方、2. の場合には、そもそもロボットアームの検査はライン上で自動搬送されるため、検査中に抜き取られることはまれです。また即時エラーが発生するため、すぐに再検査することができます。「エラー時にはデータは残りません」ということさえ周知できれば、再検査で対策できます。まれにしか起こらないケースであり、かつ対応策もあるので「エラー時にはデータは残りません」という注記を取説に差し込んで、このバグは割り切ることにするでしょう。

修正の優先順位

　バグをすべて修正するのも問題ですが、前述のように何でも割り切れるわけではありません。次の項目は優先度の高そうな順で挙げた不具合の例ですが、上位のものは何とかして直す必要があります。

① 演算ミス

② データを壊してしまうバグ

③ クラッシュバグ（Memory Violation など）

④ 仕様ミス（仕様と違う実装）

⑤ GUI 上のバグ（表示がおかしい）

⑥ 翻訳ミス

⑦ 再現頻度が極端に低く、致命的ではないバグ

⑧ あり得ない操作で発生するバグ

⑨ 仕様と違うけど、別に誰も気にしないバグ（仕様のほうを変更）

演算ミスとデータ破損は絶対直す

　演算ミスは必ず直さないといけません。不具合としてはクラッシュするよりも結果がおかしいほうが、たちが悪いです。利用者はソフトのことを信じていますから、まさか嘘をつかれるとは思っていません。もしソフトウェアに演算部分があるのなら最優先で検証し修正すべきです。

　演算ミスではありませんが、前述した「1.左アームの検査を、間違って右アームとして測定したときにエラーにならず正常終了する」バグのように、測定データが間違ったデータかどうかがわからないのも最悪です。

　またデータを壊してしまうバグも最優先で直します。データはお客様の大事な資産です。その資産を壊すなんて問題外です。下手をすると訴訟問題です。

再現度が低くても侮らない

　一方再現度の低いバグは判断が難しいです。再現度が低いといってもデータを壊してしまうなら、よくユーザーへの影響を検討しなければなりません。このあたりは問

題が複合的に現れますので、単純に判断することは危険です。

　どのようなバグなら割り切れるのか、簡単な線引きはできません。顧客の価値と修正コストをしっかり考えて対処することが肝心です。一担当者としては判断しかねるところも出てきますが、そのために先輩や上長、品質保証部門があります。百戦錬磨の皆さんと早めに相談するのはよい方法です。判断に迷ったら常に使う人の立場、顧客の目線に立ってみてください。

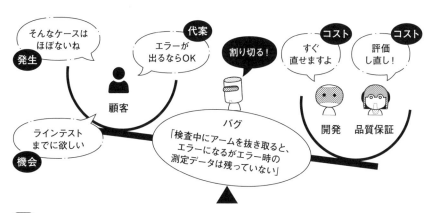

図 顧客価値とコストを天秤にかける

まとめ

失敗	バグをすべて直すことでリリース日程が遅れ、ビジネスチャンスを逸した

回避策	顧客価値とコストを天秤にかけ、割り切るバグを合意する

Chapter

5

「品質評価」で失敗

225

37

こっそり直す「ステルス修正」

勝手な修正は思わぬ問題に繋がる

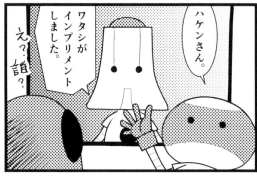

長い戦いの末、ようやく第三者評価もすべて完了し、リリースの準備ができました……というタイミングでなぜかバグが修正されてきたり、なぜか新機能が追加されたりします。こうなるとまた修正の影響範囲を調査し、ドキュメントの変更や、機能テストをやり直すなど、追加で大きな作業を要します。それだけではなく、もしその修正で新たな致命的なバグが発生したら……。

226

❝ そうしたほうがいいと思った

　アームチェッカープロジェクトは結局不具合の多さや、対処のまずさもあって当初のリリース日程を守ることができなくなってしまいました。販売とも相談し、一旦重要顧客のC社に対してはβ版を提供することにしました。不具合が残っているものの、新規生産ラインの構築テストができるということで、C社も納得いただけたようです。これで何とか首の皮一枚繋がりました。

　さあこの後は不具合を粛々と修正していくだけです、と思ったのですが、また品質保証から問い合わせです。

ちょっとこの機能何よ？ 仕様書に書いてないんだけど。いつこれ追加したの？ 仕様書にないからテストしてないわよ。本当にいるの？

え？ 何これ。ごめん知らない……いつの間に。コーハイコーハイ。この「外部URLを表示する機能」って知っている？

それ販売に言われて急遽つけたっス。うちのWebサイトに誘導してほしいとか言って。何かあったときの問い合わせ先とか新製品情報とか。

ええ？ いやいやこのURL先まだ何もないじゃん。販売が作るの？ そもそもWebサーバが必要なんじゃないの？ というか、外部インターネットに繋がるならセキュリティ的にも対応見直しだぞ。ど、どうするよ。

　コーハイさん販売に頼まれ、URLのリンクをつけるだけならと軽い気持ちで引き受けたのですが、詳細に仕様を考えていくと今から意味のある機能にすることは困難です。ハルさんから販売に掛け合って、何とかこの機能は搭載をあきらめてもらい、次のバージョンアップのときにちゃんと検討しましょうということで合意をしました。そしてまた後日。

急に新しいバグが20個も出てきたわよ！ 絶対に新機能の「データ列並び替え」がおかしいと思うんだけど。ちゃんとレビューしてる？

ええ？ 新機能？ ちょっと確認しますね……。うは、データ表の列がドラッグアンドドロップで表示順を換えられるようになっている！ 何で。

ライブラリでパラメータを換えるだけで実現できたので、ありがたいかと思ったのですが。えーと、ダメでした？

 この期に及んで機能追加しちゃダメー！ 今することじゃないでしょ！

　とにかく変更したコードはすべて元に戻し、前の状態になることを確認しました。今回は品質保証の部署で変更を見つけて念のため点検してくれたからよかったのですが、リリース前の小さな変更でも見逃すと致命傷になりそうです。

今じゃないでしょ?

　何度も「すべてのバグを直すべきではない」という話をしてきました。こうして何度も紹介する、ということは筆者自身何度も失敗しているからに他なりません。ソフトウェア技術者には「バグは直すものである。直したほうがいいに決まっている！」というある種の正義感みたいなものがあるため、ついついバグの修正が目的化してしまいます。またバグではなくても、こうしたほうがいいよねと機能を変更したり、追加したりしてしまうこともあります。

　余裕があるときならいいのですが、すでに第三者評価も終了し、リリースの準備がすべて終わったところで、このような変更が発覚すると最悪です。変更の内容を確認し、影響の範囲を突き止め、関係ある機能に関する評価のやり直しです。評価の結果また新たなバグが発生したり、せっかく作った取説の修正が必要だったりすると、もう日程通りのリリースは絶望的です。

　変更したいと相談があればまだいいのですが、黙ってこっそり変更されると、その変更に関する評価を行わないまま市場に出てしまい、大きな問題にもなりかねません。

　昨今はプルリクエストなどで、変更や機能追加をリリース版にマージするかどうかリーダーがコントロールできるようになっていますから、さすがに未評価の機能が市場に出ることはありませんが、せっかく実施した変更をどうするのか、関係各部署と調整をしなくてはいけません。

なぜ修正するのか

　リリース前なのになぜ唐突に相談もなく、コードが変更されるのか。プロジェクトリーダーは本当に頭を抱えてしまうのですが、様々なしかるべき理由があって変更や機能が追加されることがあります。

- 仕様書に書き忘れていたことに気がついた

- 不具合が直らないので代替機能としてつけた

- 仕様を勘違いしていた

- 急遽重要顧客からの要望があった

　仕様書に書いてないけど、このダイアログにはプログレスバーをつけたほうがいいよねーとか、Excelにデータ転送する機能がうまく動かないので、GUIからデータをコピペできる機能をつけましたとか、お客さんが老眼だから、もう少し字を大きくしてくれって言っているとか……。まあそのメンバーもいろいろな要望を聞いて善意で動いてくれているわけですが、いったいその機能はどのような仕様で、どう動くと正解で、コード全体にどのような影響があって、どこまで立ち返って評価したらいいのか見当がつきません。ちょっとした善意をきっかけに、あと何時間かければ問題のないソフトができ上がるのかわからなくなり、突然プロジェクトが暗礁に乗り上げます。

小さな変更なら問題ないと思ってしまう罪

　事例のようにアームチェッカーもリリース直前になって、データ列の表示順を変えられる機能が追加されていることに気づきました。

 何で今更機能追加を。しかも表の表示だけじゃなくて、データの並びがおかしなことになっている。ものすごい量のバグが出てきたぞ！ いつから変わっているんだこれ。評価はどこまで巻き戻したらいいんだー？

　いやいや、さすがに機能追加するとなったら、プロジェクトリーダーとかチーム全体に相談持ち掛けるでしょ、普通？ と思うのですが、追加するほうは、ほんのちょっ

とした変更なので、自分の周り以外には影響ないだろうと思ってしまうのです。しかし、プロジェクトとしては、そのちょっとした変更で予期せぬ問題が起きないことを確かめなければならなくなります。

ここが失敗のポイントです。**よかれと思ってリリース直前で修正**したことがソフトウェアの品質に多大な影響を与え、大幅なリリース遅れや、市場不具合を招いてしまいました。

ほんのちょっとした変更であっても、他の正常に動いていた機能が巻き添えを食って動かなくなっているかもしれませんし、他の機能と矛盾が生じているかもしれません。事例のケースではデータの表示順が不変であることを前提にコーディングされている、「アーキテクチャ崩れ」を起こした実装があったため、新しい「表示順変更機能」の追加によって、思いもよらない動作不良を引き起こしました。

アジャイルでもリリース前の変更はご法度

リリース前の変更は許さない！ というのは、ものすごくウォーターフォール的な考え方に聞こえるかもしれません。アジャイル派の方から、変化を受け入れ変化に対応できなくてどうする！ と言われそうですが、リリース直前であればアジャイルだろうがなんだろうが、評価のほぼ終わったソフトに変更を加えたり、新機能を追加したりすることはご法度です。アジャイルプロセスなら、その急に発生した変更要望はバックログに入れて次のイテレーションで計画し、改めてそこで機能を組み込むのです。

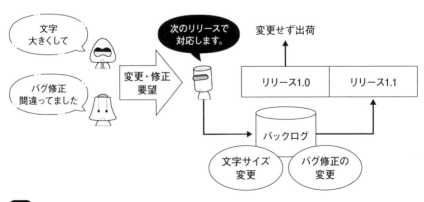

図 変更要望はバックログに入れる

アジャイルは無法ではありません。短いターンでルールにのっとって変化と戦うのです。

困ったら相談

どうしても新しい機能を入れる必要があるなら、そしてソフトウェアはすでに評価を終え、リリース前の状態であるなら、まずはとにかく相談です。納期を遅らせてでもその機能を入れるべきか、次のリリースで対応するのか。ビジネス面も含めて対応の判断が必要になることでしょう。

「しまった忘れていた！ こそっといれとこ」という状況や気持ちはわからなくはないのですが、一呼吸置いてプロジェクトの関係者に相談しましょう。

まとめ

失敗 ┈┈ リリース直前でコード変更を行い、リリースの遅延を招いた

回避策❶ ┈┈ 変更要望があれば、まずプロジェクトで相談する

回避策❷ ┈┈ 軽微な不具合であれば、リリース直前での修正は行わず、次のリリースに含める

231

Episode 38

リリース日が来たので「とにかく出荷」

低い品質は企業ブランドをも落とす

本プロジェクトは納期優先じゃ。日程は変えられん。割り切っても出す。でも頼んだぞ。

はぁ。

リリース前

顧客からも販売からも強いクレームが出ておる。遅い！落ちる！使えない!!すぐに修正リリースじゃ!!

ええ！

リリース後

費用超過で経営層がお怒りじゃ。今すぐ今回の問題についてレポートの上経営会議で説明じゃ!!

えぇぇぇ!?

修正リリース後

何が正解だったのかしら

……

一コマ目で逃げる、というのが正解では？

始末書 つらい

カチャ カチャ

ソフトウェア開発は必ずと言っていいほど遅れます。しかし一方でリリース日程順守への圧力は高く、何としてでも予定通りに出荷しないといけません。特にB2Bの場合には顧客の業務まで遅れてしまいますから、シャレになりません。とはいえ、リリース日が来たからといって、ひどい品質のまま「とにかく出荷」してしまうと、後々企業自体の信頼にも関わる大きな問題に発展するのです。

リリース日がやって来た

　ついにリリース日まで2週間。しかし、まだまだ不具合は残っています。せっかく重要顧客にもリリース日を延ばすことを了承してもらったのに、そこからさらに遅れるなんてあり得ません。とはいえ、予定していた不具合をすべて修正することは明らかに不可能です。ハルさんは品質保証と販売に相談を持ち掛けました。

 どう考えても無理です。修正だけならあと2週間でできそうですが、その後に最終の評価が必要です。何とかリリース日延ばせないですか？

 いやC社にはもうトータル2か月待ってもらっているので、これ以上はお願いできないですよ。今お渡ししているβ版でも満足いただいているので、一旦とりあえず日程通り出しませんか？

　販売からしたらもう待てません。少々の不具合は目をつぶってでも出さないと、ビジネスチャンスは永遠に失われるだろうという意見です。一方品質保証部門からは猛反対。致命的な不具合が残ったまま出荷はできないというのが基本の考えです。とはいえ、出荷タイミングを逸したら製品の価値も下がります。

 もしβ版で問題が出ていないのであれば、まずC社さんにだけリリースしましょう。こちらでは引き続き不具合の修正を進め、正式リリース版を改めてC社さんにも提供しましょう。ちなみに、未修正の不具合はC社さんにも開示してくださいね。何か嫌な予感はしますが……。

　こうしてアームチェッカーはC社にのみエクスキューズつきでリリースをしました。しかし悪い予感は的中するもので、これまでβ版で問題が出なかったのに、正式リリースしたとたんに生産ラインでトラブルを起こしてしまいました。原因はやはり未修正の例外処理不具合です。C社内で本番同等のラインテストを実施したとたんに想定外のロボアームが流れてきて、例外処理が発生したとのこと。テスト用のラインと本番ではやはり違います。ですが不幸中の幸い、生産計画上の理由で、C社のライン稼働は1か月遅れることになりました。これで何とかアームチェッカーの不具合を修正できる時間ができたようです。

ヤバかった……カチョーさんが限定リリースにしてくれて助かった。この品質のまま一般販売していたら、販売先で次々とアーム製造がストップして、大変な賠償責任を負うところだった。は、早く不具合直そっと。

//

そのソフトウェア、リリースしても大丈夫?

　世の中には様々なプロジェクトがあります。その中にはリリース日がどうしても動かせないものもあります。アームチェッカーも重要顧客が新製品のラインに導入するため、2026年12月に欲しい! という要望が届いています。ここに間に合えば、複数セットの購入が期待できますから、大きな売り上げに繋がります。一方、もし間に合わなければ重要顧客への売り上げはゼロです。重要顧客はこちらの製品ができるまで待ってはくれません。顧客も事業計画に遅れを出すわけにはいきませんから、アームチェッカーが日程通りにリリースできないのなら、あらかじめ並行検討していたコンペティターの製品を導入し、工場の生産ラインを構築することになるでしょう。こうなるともうビジネスチャンスはありません。このお客様にとってアームチェッカーはいらない製品になってしまうのです。

 ヤバイ。どう考えてもお客さんの希望日にリリースできそうにない。しかしこれ以上遅れると売れなくなる。それはそれでこれまで作ってきた苦労が水の泡になってしまう。いっそこのまま出しちゃうか……。

　とはいえ、ひどい品質のままリリース日が来たのでとにかく出す、というのは最悪手です。これをやらかしてしまうと、まず顧客から大量のクレームや改善要望が続々と届き始めます。販売からも、「この品質ではこれ以上販売できない!」「このソフトはこの後どうするつもりなのか」「修正はいつできるのか」「顧客の損失はどのように補填するのか」などなど、それは厳しい追及がなされます。なぜこんな不具合を残したままリリースしたのか、関係各所から納得のいく説明を求められることになるでしょう。

品質問題が会社の危機を呼び込む

　低品質のままリリースした製品でも、せっかく大きな予算をかけ、何名もの技術者が苦労をして作ったものなので、少しでも売りを上げたいと販売を続けたとします。しかし、残念ながら低品質のソフトウェアは、顧客の業務に役立つどころか、ソフトウェアに内在する不具合によって、常に問題を引き起こし続けます。少しでも売り上げを伸ばすつもりが、逆に大きな負債を抱えることになります。低品質ソフトウェアは売らないほうがましなこともあるのです。

低品質ソフトウェアの弊害

　低品質ソフトウェアは会社にとって害悪にしかなりません。会社がこれまで地道に築いてきた信頼も0.05秒で地に落ちてしまいます。ひどい場合にはSNSなどで「もう絶対この会社の物は買わない！」と喧伝され、ユーザーでもない人から「あの会社ちょっとなー」とか言われてしまう始末です。

個人のキャリアにも悪影響

　低品質ソフトウェアによって、開発チームも厳しい状態に置かれます。皆で休日出勤や残業で遅くまで頑張ってリリースしたのに、結果としてその苦労は全く報われません。ソフトが出たらボーナス2倍とか思っていたのに、逆に給与カットになりそうです。

　次々と入って来る顧客からの質問やお怒りの声にも応えないといけませんし、早急に不具合を改修して、使えるソフトにしないといけないのですが、社内のエライ人からは「なぜこんなことになった？ 今すぐ原因と対策を検討して報告しなさい」と追加の作業が降ってきます。デッドラインを乗り越えたにもかかわらず、いまだデスマーチ真っただ中です。

　ここが失敗のポイントです。**リリース日程を順守するあまり、品質が悪いまま見切りで出荷すると、そのソフトの致命的な不具合によって顧客の業務にも打撃を与えかねません。**ソフトはちっとも売れず、そのくせサポート業務が増えて開発を圧迫し、次のリリース日程まで順守が難しくなります。状況によっては会社の信頼も失墜し、ビジネスにも暗雲が立ち込めます。

　アームチェッカープロジェクトは、もともと2か月の遅れが出ることを重要顧客であるC社に正直に伝え、解決策を相談していました。その結果、生産ラインのテストに必要な機能は問題なく動作する「顧客専用のβ版」を作って渡すことにしました。実

Chapter

5

「品質評価」で失敗

235

は2026年12月というのは生産ラインが正しく動作することを確認するためのタイミングであり、C社にとってはこの時点でアームチェッカーのすべての機能が必要ではなかったのです。このアクションによって、正式なリリース日程を2か月待ってもらうことができました。また一度β版をお渡ししているので、事例のように、さらに遅れが発生した場合においても、エクスキューズつきの限定リリースに踏み切ることもできました。

　残念ながら問題は出てしまいましたが、正直な情報開示と共に、顧客の求める品質にフォーカスしていたため、何とか待ってもらえたというところでしょう。

 正直に状況を関係者に伝え、みんなで最善の手段を考えましょう。特に顧客の必要としている、その「タイミングのなぜ」を探ることが、突破口に繋がります。

品質ファースト

　ソフトウェアにとって一番大事なのは品質です。日程が足りないとわかったとき、最初に削るべきは機能です。決して品質を削ってはいけません。もう機能も削れない場合であっても品質は削れません。関係者みんなで知恵を出しあい、可能なら顧客も巻き込んで、何とか品質を確保できる時間を作るのです。

　「バグを割り切る」というエピソードを紹介しましたが、割り切るのはあくまで顧客にとって問題にならないケースです。顧客に深刻な問題を引き起こすバグはそもそも割り切れません。

品質を計画に盛り込む

　開発計画を立てるときには、ソフトウェアに対して**品質をどのように作り込んでいくのか、十分戦略を練り日程に組み込んでおく**必要があります。ソフトウェアの品質とはテストのことではありません。テストは品質の確認であって、よい品質は要求仕様や要件定義の段階から組み込むものです。特に非機能要件に関する課題は簡単には解決しませんから、手遅れにならないよう、プロジェクトの最初から品質をどのような手段で高めていくか、計画化しておくことが肝心なのです。

図 品質を計画に盛り込む

　計画化といっても何か特別なことをする、というわけではありません。これまで述べてきたように、利用シーンを明確化したり、機能ブロック図を描いて設計思想を記載したり、ということを開発プロセスとして計画化し、実行することです。

失敗 ┊ 重篤な不具合を抱えたままリリースし、顧客に損害を与えた

回避策❶ ┊ 計画時に品質を確保するための戦略を立てる

回避策❷ ┊ ステークホルダーと相談し、リリース日を延ばす、機能を削除するなど、品質を確保できる方策を立てる

リリース時の品質レベルを定義する

　出荷評価の段階で表面化した不具合は、別に出荷前に発生したわけではなく、プロジェクトを通して仕込まれていきます。テストは不具合を発見するための手段であって、テストで品質が上がるものではありません。

　それでは、具体的にどこで品質の不具合が忍び込んでくるのでしょうか。

　　1. システムの使用時のことがわかっていないか、間違っている（企画）

　　2. ニーズを満たすシステムの能力が未定義か、間違っている（仕様）

　　3. システムの能力を支える仕組みに課題がある（設計・実装）

　つまり、最上流から品質の不具合は仕込まれます。そして当然、上流のほうが重要です。何しろユーザーの使い方がわかっていないのに、ユーザーのニーズを満たす能力なんてわかるはずがありません。

　プロジェクトとして検討すべきことがすなわち「ソフトウェアの品質戦略」であると認識することが大事です。次のようなソフトウェア品質戦略表を作るとよいでしょう（この表は一例ですので十分なものではありません）。

表 品質戦略表

項目	内容を定義している成果物	目標
ユースシーンの明確化	システム定義書など	顧客価値が明記されている
品質特性の目標値設定	要件定義書など	要件が定義されている
アーキテクチャの定義と設計思想明確化	システム設計書、用語集など	思想が明記され、説明されている
実装課題を早期発見できる仕組みの導入	プルリクエスト、テストファーストとテスト自動化など	毎日オールグリーンが確認されている
早期に軌道修正可能な開発プロセスの導入	開発プロセス定義書など	2週間ごとに軌道修正できている

　そもそも**最初から不具合を作り込まないこと**が大事です。したがって、初期の企画段階から品質戦略を考えて実行しなくてはなりません。品質も目標がなければ到達することは不可能です。

　よい品質の製品を世の中に送り出すためには、品質戦略を定義し、メンバー全員が協力して実行することが重要です。

「リリース後」に
失敗

Episode

39

出荷したので解散「出しっぱなしプロジェクト」

出荷後の対応計画がない

ソフトウェアは出荷してからも失敗が続きます。ハードウェア製品は出荷が1つの区切りではあるのですが、ソフトウェアにとってはこれからが勝負です。積み残しの機能もありますし、新たな不具合も出てくるでしょう。ところが、なぜかリリース後の計画はおざなりになるのです。出荷後の対応計画がないために、メンバーは自分の時間を削って市場対応をこなさねばなりません。

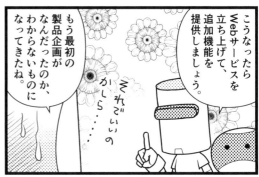

240

“戦いは続く

アームチェッカーは様々な失敗や不具合が積み重なり、3か月の遅れを出してしまいましたが、C社への β 版提供による信頼関係と実績の構築、またC社内部でのライン立ち上げ日程の変更もあり、何とかビジネスチャンスを逸せず、無事出荷することができました。しかもC社からは当初の2倍のオーダーを獲得です。これもひとえに、チーム全員が顧客の真の困りごとにフォーカスし、1つずつ挫けず丁寧に課題を克服していったからに他なりません。

おめでとうございます！ これでやっと思うさま寝られるし、たまった有休も録画済みのドラマも消化することができます。……と思ったのも束の間、販売から相談がやってきました。

 C社さんから、設置の都合で測定デバイスとPCとの間を50m取りたいという相談がきたよ。USBで繋いでいるんだけど、できないかな？

 ええ？ 無理ですよ。USBは規格で5mと決まってますから。ハブを入れても5段が限界なので50mは無理ですよ。イーサネットでどうですか？

規格外の話なので断ってもいいのですが、今後を考えるとむげにはできません。C社に直接話を聞いてみると、実は工場内でLANが使えずUSBを使わざるを得ない状況のようです。そこでハルさん、C社にUSBエクステンダを使って延長することを提案し、まずはテストすることに了承をいただきました。ひとまずは解決です。しかしほっとしたのも束の間、また販売から次の相談です。

 またC社さんからのお願いなんだけどさ。アームチェッカーの電源をリモートで切れないかって。ライン全部切って回るのが大変だそうで。

 あれ？ 24時間稼働させるって言っていませんでした？ ほかの課題もあってまだ24時間体制にはなっていない？ ううむ。

実際に製品を納品し、現場で稼働させてみると様々な要望が出てくるものです。とはいえリモートでシャットダウンさせるには、測定デバイス側にもシャットダウンコマンドを新設しなくてはなりません。それなりの工数が必要です。取り急ぎ見積もり

を作成して販売に渡し、この修正費用を持ってもらえるかどうかC社さんに相談することにしました。何しろ片手間でできるような業務量ではありません。それでなくても、すでに次のプロジェクトに影響が出ています。

 ヤバイ。次のプロジェクト業務が全くできない。日々アームチェッカー業務でいっぱいだよ。全然終わった気がしない。どうしよう……。

//

世界は驚きに満ちている

　無事出荷！ と思ったのも束の間、続々と顧客から質問やら要望やらが舞い込んできます。出荷前には全く想定していなかった使われ方や、不具合が次々と発生します。あんなにいろいろな意地悪テストや環境テストを実施し、品質には万全を期したつもりでいても、思いもよらぬところから課題が発生します。出荷前は自分たちの社内環境でしかテストができないため、どうしても見ていないところがあり、不具合が出てしまうのです。

　実際に製品が設置された現場を見てみると、コンセントからの給電がやたら変動したり、空気中に謎の微小粒子が充満していたり、USBケーブルが50mもあったり（手作り？）、自動でGUIを操作するツールが動いていたりと、思ってもいなかった使われ方や使用環境に遭遇します。世界はまさに驚きに満ち溢れています。

　その使い方は仕様外です、サポートできませんというのは簡単ですが、何とかユーザーの業務を止めないよう迅速にサポートし、会社としての信頼を高めることも事業を継続するためには重要です。

 しかし、こんなに毎日毎日問い合わせが来て、業務が圧迫されるなんて想定外だよ。工場で通信が止まっている！ 大至急調査を！ とか言うから行ってみたらケーブル不良だし。もう少し現場で確認してほしいのだけど、本当にソフトが不具合起こしているケースもあるので油断はできないし。

　チームが解散せず、引き続き同じ製品のサポートができればよいのですが、メンバーが全員新しいプロジェクト業務にアサインされる場合、そう簡単には対応できま

せん。市場からの要望対応は優先せざるを得ないのですが、そのために始まったばかりの新プロジェクトは早くもデスマーチです。

出荷したハードは簡単に変えられない

さらにハードウェアの課題も、ソフトで何とか対応してくれという依頼がやってきます。市場でどのような課題が発生しても、すでに出荷してしまった以上、ハードウェアでは対応のしようがありません。もちろん、よほどのことがあれば回収しますが、できれば現状のハードには手を入れず、対応策を考えることになります。

- 通信速度が遅い。通信プロトコルで工夫できないか？
- 動作がもっさりしている。何か光らせて待ち時間を示したい
- 動作がもっさりしている。何か音を出して待ち時間を示したい
- ラインに組づけてみると、ハードウェアスイッチの場所が悪い。外部からリモートでON/OFF したい

すまんがソフトで何とかしてくれないか

実際ソフトウェアはやろうと思えば何とでもできますので、ハードの課題を解決するため知恵を絞ります。ただ問題は「今そんな時間は予定していなかった」ということです。残念ながら出荷後のハードウェア課題の対処まで考慮できてはいません。

ここが今回の失敗ポイントです。**出荷後のサポート計画を立てていなかったために、サポートの予算も人員も確保ができていません**でした。結局、新プロジェクトに移ったメンバーが市場要望の対応をするしかなく、技術者を抜かれた新プロジェクトは暗礁に乗り上げることとなったのです。

サポート業務でじわじわ首が閉まる

出荷後のサポート業務というのは、大きな作業がどーんと入ってくるのではなく、ちょっとした細かな作業が入ってくることが多いです。対応作業は細かなものが多いので、担当の技術者は、自分の裁量の範囲で何とか対応できるんじゃないかと思って

しまうのですが、気がつくと結構な工数を費やしてしまいます。

さらに、サポート業務を個人の裁量でやってしまうために、個人の残業や休日出勤が増えていきます。こうした表に現れない**隠れ業務がプロジェクトの遅れだけではなく、個人の体や心の健康にも影響**を与えます。

真のソフトウェア開発期間を理解する

ハードウェア製品のように「量産やリリースまでが開発の天王山」という考えでは、ソフトウェア開発を正しく扱えません。出荷後のサポート業務を隠してしまうと、担当者は業務過多で倒れてしまいます。こうしたソフトウェアならではの真の開発期間、投資期間を理解し、あらかじめ計画化しなくてはなりません。

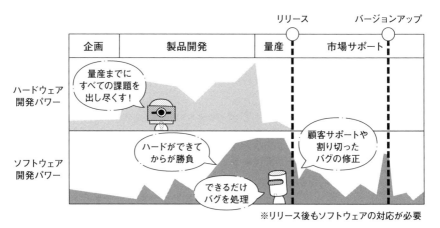

図 ハードウェアとソフトウェアの開発パワーのかけ方の違い

出荷後のサポートも含め、開発にはどのくらい人員を必要とするのか、しっかりと検討し、予算化しましょう。出荷後数か月は市場問題や顧客からの要望が必ず発生するでしょうし、そもそもリリースに間に合わず、先送りした課題も残っているはずです。この時期、重点的に対応する人員を確保することが重要です。何も市場問題が起こらなければ、次のプロジェクトが前倒しで進むだけなので、実害はありません。ソフトウェア開発計画は、出荷後のサポートも含めて立てる必要があります。

リリース後の予算を確保し、対応計画を立てる

　ソフトウェアは出荷してからもしばらくはサポート工数がかかり続けますので、企画の際にはこのサポートにかかるコストも含めて投資対効果を考えておかねばなりません。リリース後にどんどん利益が目減りしていく可能性もあります。

　こうしたサポート工数を確保するため、最近のソフトウェアには継続して課金するサブスクリプションモデル、いわゆるリカーリングビジネスの仕組みが取り入れられています。サービスに利益がついてくることで、リリースしてからも一定の工数をかけることができます。もちろんサービスの価値次第ですが、こうしたサブスクリプションモデルを検討することも1つの手です。

　ソフトウェアを運用するフェーズを軽視してはいけません。予算も含め、運用時の計画を最初から製品計画に組み込んでおくことが重要です。

まとめ

失敗　：出荷後の運用計画がなく、市場問題を担当者の裁量で対応させたため、業務圧迫による他プロジェクトの遅延や、担当者の体調不良を招いた

回避策❶　：製品計画に出荷後の運用計画と予算を組み込む

回避策❷　：継続して運用時の費用を賄えるビジネスモデルを検討する

Episode

40

正しい動作かわからない「ライセンスの迷宮」

その複雑な仕様は誰のため？

////////////////////

ユーザーあるいは購入希望者からの問い合わせで最も多いのは、ライセンスに関わる話です。ソフトウェアをビジネスにするには、ライセンスとそのベースとなるプロテクトは外せません。しかし、ユーザーにとってライセンス形態が複雑になると、どのライセンスを購入すればどの機能が使えるのか正しく理解できません。購入した機能が使えない、動作がおかしいなどの苦情が増えていきます。

お客様から問い合わせを頂いたのですが、答えられなくて……。

ライセンスに関するご質問ですね？

なるほど。インストールして1か月で使えなくなったと。

それはお試し期間が終了したのでは？

いえ、正規にご購入いただいております。

じゃあ、1か月のサブスクリプション契約じゃないですか？

いえ、一部の機能は動作しているそうなので。

あ、アップグレードチケットは購入されていますか？

その機能をご利用になるのでしたら追加のエキスパンドライセンスと、サービス契約が……。

いえ、それは得々アップグレードチケットとは併用できず……。

その仕様、もう不具合でいいんじゃ……。

誰も正しく理解できないよ

誰にもわからない

　アームチェッカーは最重要顧客であるC社への導入が進み、C社からの問い合わせも落ち着いてきました。一般販売も好調で、A社やB社への導入実績も上がってきました。ユーザーが増えると、その分問い合わせも増えてきます。あいかわらずハルさんは販売からの対応で、時間を取られているようです。

 お客さん、PCアプリが動作しないって言っているんだ。先週までは動いていたのにって。これスクリーンショットね。

 あー、これライセンス入ってないですよ？ 最初の1か月だけお試しで全機能使えるんですけど、過ぎたらデータ通信と保存しか使えないです。

　最近は特にライセンスに関する問い合わせが増えているようです。ライセンスに関しては顧客から「動かない」としか言ってこないケースも多く、原因も不明ですし、そもそも不具合なのかどうなのか、何度もやり取りをして状況を確認しなくてはなりません。販売でも何が正しいのか判断することが難しいため、結局開発者に相談するしかありません。

 またライセンスの問い合わせですか。今度はちゃんとライセンス購入してコードを入力したのに動作しない？ えーと、この画面とこの画面のスクリーンショットを撮って送ってもらえますか？

 いやーその、お客さん今日中に何とかしたいみたいなのよ。悪いけどビデオ会議設定するので、直接打ち合わせお願いできないかな。

　こうした急な対応は現プロジェクトの日程に影響が出てしまうのですが、顧客対応は最優先です。実際にビデオ会議に繋いで確認してみると、どうも顧客の購入しているライセンス自体が間違っているようです。顧客の購入したライセンスはスタンダード版のサポートライセンスで、測定機能に加え、最新のバグフィックスを当てることができたり、こうしてサポート依頼ができたりする権利です。しかし、この顧客の要望している機能を利用するには、プロ版のライセンスが必要だったのです。
　その場で顧客には購入時の説明が足りていなかったことをお詫びし、すぐに正しい

ライセンスの購入手続きと共に発行を行い、ひとまず事なきを得ました。

 これ要はうちの会社内でもライセンスを正しく理解できていないということ
だよね。ということは今後も同じような問い合わせがくるってこと？

　製品を売れば売るほど、こうした問い合わせは増えてくることでしょう。ハルさん、
まだまだ新プロジェクトに専念することは難しそうです。

//

ソフトウェアライセンスの闇

　現在に至るまで、ソフトウェアをビジネスにするため、様々な試みがなされてきま
した。最もポピュラーなものは、ソフトウェアを利用する権利を販売する「ライセン
スモデル」です。特にソフトウェアを一度購入すれば永久に使用できる「永久ライセ
ンスモデル」が一般的でしょう。また期間は限られているけどその分お安く始められ
る「サブスクリプションモデル」や、永久に使用できるけどバージョンアップするに
は別途契約が必要な「サービス契約モデル」など、様々なライセンス形態が考案され
てきました。

　いずれにしてもライセンス費用を払ってもらうことでビジネスになります。そこで
必要になってくるのがプロテクトの仕組みです。皆さんご存じ、あの長ったらしいシ
リアルコードを入力したり、USBにメモリのようなものを指したりすると、ソフトが
使えるようになるアレです。

　このプロテクト、正規ユーザーからしたらいらないものの筆頭でしょう。ライセン
ス次第ですが、お金を出して買ったのに1台のPCにしかインストールできないし、そ
のくせPC壊れたら使えないし（最悪メーカーに電話しないといけない。それも平日
9:00〜17:00の間に）、USBに刺すハードウェアドングルがノートPCからはみ出て邪
魔だし、持ち運んでいるときにぶつけて折れちゃったら起動しないし。なぜお金を出
しているユーザーにこんな不自由を強いるのかと、癇癪を起こしそうになります。

ライセンスはソフトウェアビジネスの鍵

それもこれもすべてソフトウェアというものが、一切劣化なくコピーでき、ネットという媒介を通じていくらでも拡散できる、という性質を持っているからなのです。使用許諾書で法的な拘束を作ることはできますが、もし何の制限もなくソフトウェアが使えるなら、残念ながらお金を払わない人も出てくるでしょう。

これまでの失敗例の通り、ソフトウェアというものは、技術者が数々の失敗を繰り返し、工夫と努力と学びを重ねて作り上げた、汗と涙の結晶です。毎日遅くまで仕事をし、課題解決のため彼や彼女とのデートも延期し、家族とゆっくり過ごす時間もお預けにして作り上げたものです。

技術者が人生をかけて作った成果物ですから、正当な対価を得るべきものであり、勝手にコピーされてはかないません。

そういうわけで、正規のユーザーさんには少々不便を強いてしまうのですが、ソフトウェアにはライセンスに応じたプロテクトをかけます。このプロテクトこそがソフトウェアの対価と直結する非常に重要な仕組みなのですが、ライセンスが複雑になるほど、どの機能が使えてどの機能がプロテクトされるべきか、正解がわかりにくくなってきます。そのため正しくライセンス費を払ってもらっているのに、機能が動作しないなどの不具合にも直結します。

誰もが困惑する複雑なライセンス形態

プロテクトの仕組みは非常に強力で、販売の立場からしたらいろいろ仕込みたくなる魔法の力に見えます。販売的には、とにかくたくさんお金を払ってもらいたい一方、顧客にお得感がないと購入してもらえません。相反する「企業の思惑と顧客の立場を調整する」には、ライセンスを細かく選べることが、とても魅力的に見えるのです。そのためライセンスはどんどん複雑になっていきます。

アームチェッカーも、PCアプリはライセンスに応じたプロテクトをかけています。販売からの要望で、多数のライセンス形態を用意しました。測定はできずデータ処理だけできる「ライト版」、アームの測定だけができる「スタンダード版」、すべての機能が使える「プロ版」、最初の1か月は全機能お試しできる「お試し版」、機能が個別にアドオンできる「ダウンロードライセンス」、電話相談などサポートが受けられる「サポートライセンス」、将来バージョンアップが受けられる「アドバンスドサポートライ

センス」、毎月のお支払いで機能を使える「サブスクリプションライセンス」など。

　個々の顧客ニーズにぴったりはまるライセンス形態が選べますと言えば聞こえはいいのですが、実はここが失敗のポイントです。**多数のライセンスを設けてしまった**ため、その組み合わせも膨大となり、どのライセンスを購入しているとどの機能が動くべきなのか、誰も正確に把握できなくなってしまったのです。

 このところ毎日のように「ライセンス買ったのに動作しません」という質問がやってくる。状況の確認をして、購入されたライセンスが正しいか確認して、不具合かどうか確かめるだけで一日かかるよ。顧客対応だけで他業務が何にもできないの、ヤバすぎない？

　ライセンスを購入した顧客からは、日々苦情や質問が飛んできますし、販売も正解が理解できていませんから、顧客からの質問はすべて開発に丸投げです。開発としても、仕様上こうなるはずと思って実装しているものの、どうも販売の思惑と異なっている動作もあり、話がかみあいません。何が不具合で何が仕様なのかも不明になり、品質保証部門も困惑してしまいます。

　複雑なライセンス形態のために、開発や販売や品質保証は対応に時間が奪われますから、他業務の遅れに繋がります。そのうえ顧客はお金を払ったのに思うように動作しないため、もう二度とこんな面倒くさいソフトは買わない！と思うかもしれません。

シンプルこそ至高

　複雑なライセンスは顧客にとっても開発にとっても販売にとっても品質保証にとっても、あまりよいことはありません。複雑なライセンスは投資対効果が悪すぎます。正直なところ、ライセンスは最初に述べた「永久ライセンスモデル」「サブスクリプションモデル」の2つで十分でしょう。筆者が自分で購入しているソフトウェアもこの2つ、もしくは2つが組み合わさったものがほとんどです。

● 永久ライセンスモデル
 ・ 買ったものは永久に使える

- サブスクリプションモデル
  - 買った分の期間しか使えない。その代わり今この1か月だけ使いたいという要望にも応えられる
- 混合モデル
  - 月額/年額費用を払うと製品すべて使い放題。製品個別のお金を支払うとその分は永久に自分のものになる。サブスクリプションでいろいろ試して、必要なものだけ永久ライセンスにできるような仕組み

　企画時、販売からはおそらくいろいろな要望・状況・顧客に対応するため、細かく細分化されたライセンスの要望が上がってくることと思います。そこを強い気持ちで押し返し「永久ライセンスモデル」および「サブスクリプションモデル」のどちらかで実現できないか、しっかりと議論を行い、仕様をシンプルにしていくことが大事です。常に技術者は「シンプルこそ至高」という言葉を胸に刻み、世の中の複雑性と戦っていきましょう。

まとめ

失敗 ：複雑なライセンス形態を導入し、不具合やサポート業務
　　　　：が増大した

回避策 ：「永久ライセンスモデル」か「サブスクリプションモデ
　　　　　：ル」のどちらかに割り切る

Episode

41

問題は出ないはず「ノーログ戦法」

現場でしか再現しない不具合は必ずある

ある操作をすると、必ずアプリがクラッシュするようで、お客様かなりお怒りのようです。

ふっふっふ。

えーーーー!!

こんなこともあろうかとログ機能を仕込んでいますから。

よし!でかした!!

ニヤリ

クラッシュログやメモリダンプはもちろん。操作ログ、入力データ、起動時刻、時間同時起動しているアプリや、ブラウザでの閲覧記録、コピペの履歴関連する情報はとれるように入っているぞ。

あれ?リリース版に入っていないぞ?

・・・ちょおま・・・

それってマルウェア

だ、大丈夫です!怪しいのでリリース前にログ機能を全削除した事思い出しました。

すぐに現場で確認しますからお客さんにご連絡を・・・。

コンプライアンス厳守!!ゼッタイ

ソフトウェアというものは絶対に市場で問題が発生します。筆者の経験上、問題が起きなかった試しがありません。なぜなら様々な人が想定外の環境で思いもよらなかった使い方をするからです。そのため、お客さんの環境では確実に発生するのに、会社に持ち帰ると全く不具合が再現しないということがあります。不具合が再現しなければ何の手当もできません。何か少しでもヒントがあればいいのですが……。

再現しませんよ

　さて、アームチェッカーをリリースして数か月がたちました。ですが、あいかわらず相談事が販売からやってきます。

　どうもC社さんの、とあるラインだけ、なぜかアームチェッカーがたまに止まるらしいのよ。ちょっと見てほしいんだけど。

　ええ？ おかしいなあ。あれだけC社さんも事前にテストしていたじゃないですか。何が起こっているんだろう？

　まずはC社から止まったときの状況を聞き、ロボチェック社内で再現確認を行っているのですが、残念ながら不具合は発生しません。

　土日またいで70時間動かしているけど、何の問題もないわね。実際に止まったときのアームって借りられないの？

　さすがにそれは社外に出せないそうで。でも違いはそのぐらいかなあ。再度借りられないか依頼してみます。

　販売を通じて不具合が発生したアームを貸してもらうよう、C社に依頼をしたのですが、やはり難しいとのこと。とはいえ、このままいくらロボチェック社内で確認しても不具合は再現しそうにありません。致し方なく実際に現場で状況を確認することにしました。

　改めて現場で動作を確認してみると、時折電源が瞬停を起こしていることを発見しました。おそらく原因はこれです。ただアームチェッカー側にも不具合があり、瞬停後の立ち上がりに失敗しています。そこでC社には一旦無停電電源装置（UPS）を繋いで様子を見るようお願いし、その間に急いでファームも修正して提供しました。これで何とかこの件は解決です。そうしてほっとしたのも束の間、また販売から問い合わせです。

　今度はA社さんなんだけどさ。C社さんと同じように、たまに止まるらしいのよ。とりあえずUPS使っても発生するみたいで。

マジですか。やばいなあ。取り急ぎこちらでも再現するか確認しますから、止まったときの情報をできるだけいただけますか？

　今度はまた別の不具合かもしれません。ヒンシツさんと協力して、また再現確認をしているのですが、やっぱり今回も再現しません。ヒンシツさんの顔もだんだん険しくなってきています。

 ああ、何か無駄に時間取られているなあ。ヒンシツさんも他の評価ができないと暴れているし。自分も新プロジェクトが遅れ放題だし。弱った。

事件は現場で起こっている

　様々な条件でくまなく評価をし、万全の品質で世に送り出したはずのソフトウェアでも、なぜかしら市場では不具合が発生します。なぜなら様々な人が想定外の環境で思いもよらなかった使い方をするからです。どんなに頑張っても、リリース前にすべてのお客さんの環境や使い方を想定するには限界があります。すべての条件を網羅してテストすることは不可能です。

現場はいつも想定外

　ソフトウェアというものは開発者が思いもよらないような使い方をされます。販売や顧客サービスからは毎日のように、起動しない、動かない、使えない、止まる、何か変、インストールすらできないなど、いやそんな馬鹿なあり得ない！と思うような問い合わせがやってきます。しかもそれらの不具合は、なぜかどうしても社内では再現しません。そこで細かくお客さんの状況を掘り下げていくと、様々な「想定外の状況」が見えてきます。

- 実はVirtual Machine上で動かしていた

- 実はリモートデスクトップで操作していた

- 実はHDDがパンパンだった

- 実はPCが壊れていた
- 実は32bit OS上で64bitのアプリを動かそうとしていた
- 実はOSが特殊だった（ARM版Windowsとか）
- 実は電源が想定以上に不安定だった
- 実は他社ソフトとバッティングしていた
- 実はライセンスを持っていなかった
- 実は違うアプリだった

　何だかもう不具合ですらないものもあります。違うアプリの問い合わせなんてあるの？ と思われるでしょうが、筆者は体験したことがあります。実際、ソフトに添付のライセンスキーを入力したけど全然動かないぞ！ という問い合わせがあったので、スクリーンショットを送ってもらったら、全然違うソフトに入力しようとしていた、なんてことがありました。正直PCが立ち上がらない、というのはうちのソフトとは関係ないぞ！ と言いたいところですが、万に一つ、自分たちのソフトが何か悪さをしている可能性も捨てきれません。

　こうした「丁寧にご説明をして解決する」パターンなら（担当者の時間は取られるものの）まだいいほうです。本当にソフトウェアに不具合があって、しかもそれがお客さんの環境でしか発生しない（それも頻度がまれ、例えば数時間に1回とか、今週は1回出たとか）というような場合が困るのです。

　事例のように、納品したお客さんから「なぜか1台だけ、時々測定が止まってしまう」という苦情が来た場合、これは本当に大変です。問題が発生したアームチェッカーを取り寄せ、品質保証部門と一緒に動作を確認しても、指摘された症状は再現しません。万事休すです。

 まずい！ 全くわからん。いったい何が起きているんだ？ 取り急ぎ替わりのアームチェッカーをお送りしたのだけど、いつまた同じ現象が発生するか。それまでに原因を突き止めないと、すべてのアームチェッカー返品なんてことにもなりかねない。

　実はここが失敗ポイントです。まさか社内で再現できない不具合が発生するとは夢にも思わず、問題が発生したときに手がかりを残す仕組みを製品に仕込んでいません

でした。手がかりがない以上、不具合が発生しないと何の手の打ちようもありません。無為に時間を浪費していくだけです。

現場100回は開発者には無理

　事例ではチーム総出で現場に急行するしかありませんでした。調査の結果、不具合の原因はアームチェッカーに供給している電源が瞬停することでした。これはまさに現場でしか発生しない不具合です。いくらロボチェック社内で実験しても永遠に再現しなかったでしょう。

　アームチェッカープロジェクトでは、この件で迅速かつ丁寧に対応したことで、C社からの信用を失うことはありませんでした。逆に電源問題に関しては感謝してもらったようです。とはいえ、ユーザーであるC社にはラインを一時的に止めてもらったり、開発者もほかのプロジェクトを止めて最優先で対応したりで、すでに相当な損害が出ています。

　この場合、実は起動ログやエラーログを取っていれば、すぐに不具合の原因に見当がついたはずです。もしくは測定時にログを取っていれば、アームチェッカー内部に「測定中に急に止まって再起動し、起動途中で止まった」という記録が残っているはずです。そうであれば調査範囲はかなり絞られ、現場に行かずとも原因を発見できたかもしれません。

手がかりを残す

　現場で発生した問題を速やかに解決するためには、ログを残すことが必要かつ最良の方法です。証拠があればあるほど問題の解決は早くなります。

　ただし、昨今は顧客情報保護の観点から、こうした情報を取得する仕組みには気を遣う必要があります。勝手に情報を取得して送信していたものなら、それこそマルウェアに認定されてしまいます。ログには顧客の個人情報は入れないようにする、またログを取得する際には、顧客の承諾を得る仕組みを設けることも必要でしょう。

　ログ取得の仕組みは直接的なユーザー要求ではないため、アプリケーションの機能仕様として忘れられがちです。しかし、リリース後、実際に問題が発生したときにその重要さが身に染みてわかります。ログは最初から仕込んでおかないと役に立ちません。必ず仕様に盛り込みましょう。

　そもそも顧客に課題発生時の情報を、事細かにヒヤリングして、あーでもない、

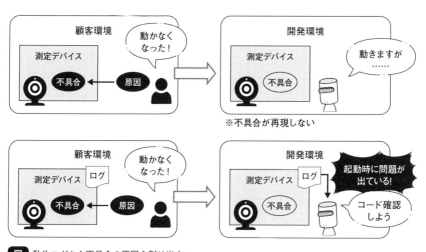

図 動作ログから不具合の原因を割り出す

こーでもない、いやー再現しませんねーなんてしている時間は、顧客が業務をロスしている時間です。もちろん開発者にとっても大きな時間損失ですから、製品にログを取る機能を組み込むほうが、ビジネス上の効果も高いのです。長い目で見て、ログ機能は明らかに有益ですので必ず入れておきましょう。

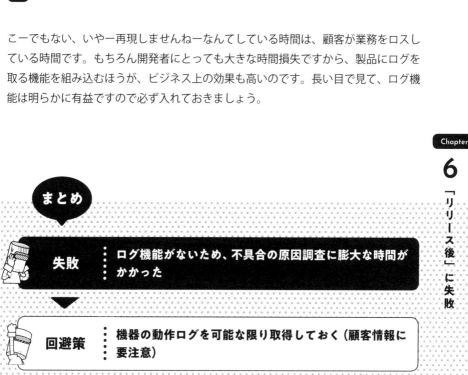

まとめ

失敗 ： ログ機能がないため、不具合の原因調査に膨大な時間がかかった

回避策 ： 機器の動作ログを可能な限り取得しておく（顧客情報に要注意）

42

犯人を追い込む「お呼びでない名探偵」

人にすべての罪をかぶせる

ソフトウェアプロジェクトはほぼ確実に遅れます。そのため、「遅れの原因を振り返る」作業もまた、ほぼ確実に行うことになります。そこで注意したいのは、つい〇〇さんの設計がヒドイとか、△△さんの実装がちょっとアレだとか、□□さんが動いてくれないとか、犯人探しが始まってしまうことです。これではチームのやる気も信頼感もなくなります。振り返りで真犯人を追い込む「名探偵」は不要なのです。

258

❝❝ つらい振り返り

　アームチェッカーも何とかリリース後のごたごたを乗り切り、売り上げも伸びてきました。とはいえ、開発期間の超過に加え、臨時的な人員の追加や委託業務の追加、サポート業務や機能追加にかかる工数負担もあり、利益としては依然未達のままです。ビジネスとしてはもう少し長い目で見る必要がありますが、一旦ここでプロジェクトの課題と原因をまとめ、報告をするようにと、ブチョーさんから指示がありました。ハルさんも、早速チームメンバーを集めて振り返りを行っています。

 まずはプロジェクトで発生した課題をすべて挙げてみたけど、正直多いな。振り返りに何日かかるんだこれ。仕方ない、1つずつ「なぜなぜ分析」して原因を割り出すぞ。まずは「機能が多すぎ」からいこう。

 これは販売のせいっス。何でも欲しがるのがダメっス。えーと何で販売が欲しがるかと言うと、顧客が欲しがるからで……あれ？

　どうもうまく原因にたどり着けません。ウォーミングアップを兼ねてもう少し自分たちに近い課題から振り返ることにしました。

 バグが想定の倍も出たのは、コードの品質が悪いため。何で品質が悪いのかというと、設計が悪いから。それはなぜなら設計者である自分の技術力が足りないからっス……。

　一旦原因の欄には「コーハイさんの技術力不足」と書き記したものの、何となく原因はそれではない気もします。なぜならコーハイさんはむしろ技術力があるほうだからです。何だか振り返り会自体の空気も重くなってきました。

 外注の実装が間違っている原因は、仕様の誤解です。何で誤解したかというと仕様書がわかりにくいから。つまり私の文章力がないので……。

　何だかさらに切ない雰囲気になってきました。原因の欄に「シンジンさんの文章力不足」とは書いたものの、それも何だか違うような気がします。シンジンさんよりもっと仕様書が書けない技術者なんていっぱいいます。

そんなこんなで20個ぐらい振り返りをしたところでギブアップです。みんな落ち込んできて、誰からも発言がなくなってしまいました。残った課題を検討する前に、メンバーを元気づけるほうが大事な気がしてきました。

 ま、まずいな。失敗を繰り返さないどころか、すでにチームが危機的状況だ。やっぱりリーダーとして、自分の能力不足が原因かなあ……。

ハルさんもすっかり気落ちしてしまいました。

組織は遅れの原因を知りたがる

ソフトウェアプロジェクトで振り返りを実施する現場は多いことでしょう。振り返りではプロジェクトから貴重な学びを得ることができます。よいことも悪いこともみんなで共有し、次のプロジェクトではもっとよいものができるように、もっともっとスムーズに進められるように、これまでの経験から学ぶのです。

この振り返りは「レトロスペクティブ」とも呼ばれ、アジャイルプロセスでは各イテレーションの終わりに実施されます。短い期間で振り返るところがいかにもアジャイルです。レトロスペクティブが上手に実施できれば、チームに生き生きとした、楽しい雰囲気を作ることができます。

一方、多くのソフトウェアプロジェクトの現状は、そのような楽しいものではないことでしょう。かく言うアームチェッカーも結局3か月の遅れを出し、50件の割り切りバグが残っています。機能についても一部実装が間に合わず、今後バージョンアップ計画を立てる必要があります。よって冒頭のエピソードのように組織の上長からは遅れの原因と再発防止案を検討の上、報告をするように求められます。

 マジ憂鬱だ。いやもういろいろあったのよ。仕様のミスもあるし、設計失敗したところもあるし、委託会社とうまくいっていないところもあるし。あー、そもそもブチョーさんが予算を削減したのが悪い気がしてきた。
あーダメダメ。ダークサイドに引き込まれちゃう。

なぜなぜ分析の恐怖

　仕方ありません。チーム全員を集めて振り返りです。振り返りにおいて、原因分析には、よく「5つのなぜ（Five Whys）」というツールを使います。日本では「なぜなぜ分析」という言い方のほうがポピュラーかもしれません。ある事象が起こったことに対し、「なぜ」その事象が起こったのかを考えます。これを5回繰り返すことで、真の原因にたどり着こうというものです。必ずしも5回でなくとも、課題の真因にたどり着ければOKです。

　工場等の安全活動に対しては、この「なぜなぜ分析」がとてもうまく機能します。例えば「実験室で軽い漏電が起こってしまった。その原因は何か？」というのをやってみると、図のような感じで、雑巾を洗って絞る場所を作る、雑巾を干す場所を変えるというような対策案が出てきます。

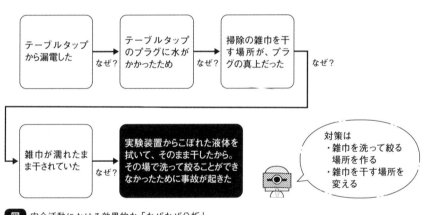

図　安全活動における効果的な「なぜなぜ分析」

　何かよさそうですよね。ただ一方で、ソフトウェア開発プロセスにおいてこの「なぜなぜ分析」を使うのは、少し注意が必要です。困ったことにソフトウェアの場合、これをやると、たいてい原因が人に行きついてしまうのです。

人がやらかすのは当たり前

　ソフトウェア開発は思っている以上に、手工業的であり、芸術的でもあり、作る人の能力に大きく左右されます。ソフトウェアの費用はほぼほぼ人件費であることからも、このことがわかります。ソフトウェアは人がコツコツと手作業で作り上げるもの

ですから、ソフトウェア開発における課題は、間違いなく誰かがやらかした証拠ということになります。例えば、致命的なバグ（CSVファイルを開くとクラッシュする）に対して図のように雑な「なぜなぜ分析」をすると、〇〇さんの技術力のなさが原因になってしまいます。

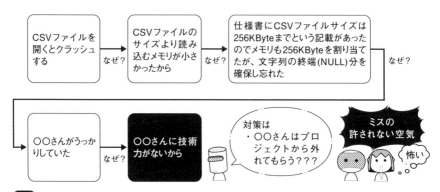

図 ソフトウェア開発課題における雑な「なぜなぜ分析」

　人を原因にし始めると、後に起こることはいじめのようなものと一緒です。「〇〇さんってほんと注意力がないというより、基本がなってないよな」などと険悪な雰囲気がチーム内に流れて、〇〇さんはもうこのチームにいられなくなります。会社にも来なくなってしまうかもしれません。再発防止の施策は〇〇さんを外すことですとか、〇〇さんの作業は必ずレビューを入れるとか、〇〇さんにはもうちょっと簡単な業務を、とか正式な文書で報告されるともう立ち直れません。チームの他のメンバーからしても、このチームでヘマをしたらヤラレル！　という恐怖心しか芽生えないでしょう。この場合、人は必ずミスを犯すのは当たり前として、メモリアクセス違反を検知する仕組みやプロセスがなかったことを原因にすべきです。

プロセスにフォーカスする

　ソフトウェアの振り返りでは、定量的観点（見積もりと実績の違いなど）と、定性的観点の両面で実施します。特に定性的観点では**課題の発生するプロセスにフォーカス**します。今回のリリースでの一番大きい課題は何か。その課題が発生したプロセスはどこだったのかを突き止めます。

今回は見積もりの精度が悪くて、日程を延ばさざるを得なかったっスね。これが一番の課題かな。

 精度が悪かったのはどのプロセスに問題があったと思う？

 最初の要求仕様書の段階で抜け漏れが多かった気がします。

 抜け漏れに気づくにはどうしたらいいのかなあ？

 例えばシステム仕様ができた段階、いやもっと早く利用シーンができたときに一度販売にレビューしてもらおうか。

　仕様書を書いた担当者が十分利用シーンを想定しきれなかった、という能力的なこともあるのでしょうが、そこには話題を向けず、仕様書の漏れに早く気づくためのプロセスや仕組みを考える方向にもっていきます。

　開発チームのモチベーションを高め、次はもっといいものを作るぞ！ というプラスの状態で終わることが、振り返りの一番のポイントです。そのため、反省点ばかりではなくよかったことを共有することも大事です。犯人を突き止め、追い込む「名探偵」は不要です。ぜひ未来にフォーカスしましょう。

 まとめ

 失敗 ┊ 課題の原因を人に置いてしまい、チームの関係性が悪くなった

 回避策 ┊ 課題の原因をプロセスに置き、改善策を検討する

市場問題は誰が対応するのか？

　組織の規模や仕組みにもよりますが、市場で起こった課題の対応は、誰が実施するのか？ という根深い問題があります。

　会社にとって新製品を開発できる人材はそう多くはいません。そんな技能を持った人材は貴重ですから、ぜひ難易度の高い新製品プロジェクトに従事してほしいのですが、一方でリリース済みのソフトウェア不具合についても、その開発者が自ら修正することが一番早くて確実です。

　顧客が困っている市場問題はとにかく最優先。しかし、そのために新プロジェクトは遅れていきます。問い合わせは顧客サポートの業務と決まっていても、**実質的には開発した技術者が市場問題の担当者である場合が多い**ので、結局こうしたプレッシャーを技術者個人に押し付ける形となってしまいます。

　そうであればもう腹をくくって、リリースしたソフトウェアはその後何年かメンテナンスすることを計画と予算に織り込むしかありません。新プロジェクトのために100%の時間は使えません。既存ソフトウェアのために20%なり30%なりの業務時間を確保するのです。

　とはいえ、問い合わせすべてを技術者が対応していると20%の時間ではとても足りません。また技術者でなくても対応可能な問い合わせもあります。そこで組織として問い合わせを一元的に管理し、仕分ける機能を設けることが有効です。開発担当者にとって、この機能は非常に助かります。

　開発担当者にとって業務の切り替えを行う「スイッチングコスト」は非常に大きく、細切れに依頼が入ってくると、大きなロスを生んでしまいます。問い合わせ窓口が一種の壁となって、情報の出入りをコントロールすれば、各担当者の生産性も大きく改善するでしょう。

　窓口での仕分けが少々間違っても大丈夫です。運用していくほどに精度は上がっていきます。また情報を一元管理することで、問い合わせ内容を次の開発に生かすこともできるでしょう。

　技術者には、リリースしたソフトのメンテナンス業務を実施する時間と予算を確保しておく。そして組織としては問い合わせを一元管理し、仕分ける機能を持つ。大手の企業では当たり前のことかもしれませんが、ソフトウェアはリリースしたら終わりではなく、何年も生き続けることを改めて意識し、組織的に備えることが重要です。

「アームチェッカープロジェクト憲章」

ハルさんがプロジェクト開始時にまとめたプロジェクト憲章です。
各エピソードでの設定を確認する際、参照してください。

株式会社ロボチェック
開発部

アームチェッカープロジェクト

プロジェクト憲章
Version1.0
2024/4/15

背景

ロボアーム製造において、検査調整の自動化はメーカーにとって未解決の課題

- 現状はベテランロボが目視で検査を行っている。特に指の動きはロボの創造性に深く寄与するため厳しい判定が必要で、どのロボでも検査できるわけではない
- また検査だけではなく、ベテランロボが不合格品に対し調整を行うことで、合格品を増やしているケースもある（検査＋調整工程で収率を上げている）
- 課題1：ベテランロボが動かなくなったとき、代わりのロボがいない（ロボの高齢化、ロボ材不足）
- 課題2：生産速度を上げたいが、最終チェック工程におけるベテランロボのスピードが律速になっている

目的

自動検査、調整システムによってロボアーム製造の生産量を2倍に上げること（顧客価値）

- 現状のベテランロボの生産性と比べて2倍のスピードで検査を完了できること。ラインを追加すればさらに倍々にできる
- 画像処理による指のリアルタイム動作計測は、自社のコア技術であり、2倍の速度を達成するためのキー技術（差別化技術）

- **2026年12月出荷**
  - ◎重要顧客であるC社がFY2027より新製品を生産開始するという情報があり、新設ラインに導入いただくには2026年12月がデッドライン（2026年4月から評価可能なプロトタイプ機が必要）
- **重要仕様**
  - ◎アーム1本につき計測開始から調整完了まで5秒以内（ベテランロボが10秒でできるため）

対象範囲

- **構成**

測定デバイスとPC（アプリ）を組み合わせたシステムで納品する

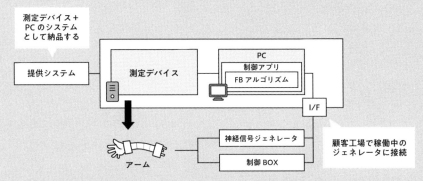

前提、制約条件

- **前提**
  - ◎様々な顧客、工場で稼働しているジェネレータに対応するためI/F部分は変更可能とする
- **制約条件**
  - ◎ロボアームはA型からH型まで対応可能とする（指のないI型以降は非対応）
  - ◎出荷は日本、米国、欧州、中国、韓国、台湾、タイ、インド、ベトナム
  - ◎各国で神経制御信号取り扱い機器認証（Nマーク）が必要。まずは国内で認証取得し優先的に出荷する。そののち海外での取得ができ次第順次出荷する
  - ◎ソフトウェアはWindowsX1、WindowsX2、macOSに対応

大綱スケジュール

	FY2024				FY2025				FY2026			
	1Q	2Q	3Q	4Q	1Q	2Q	3Q	4Q	1Q	2Q	3Q	4Q
	○キックオフ		○企画提案						●C社デモ機出し			●出荷
市場リサーチ									認証取得（国内）			認証取得（海外）
新規技術実現性検討		ハードウェア開発			部品調達				量産			
		ファームウェア開発										
		アプリケーション開発										
							品質評価					

リスク

- 自動検査結果から調整パラメータを作成する、調整アルゴリズムが新規要素技術であり、現時点では実現可能性が見えていない

メンバー

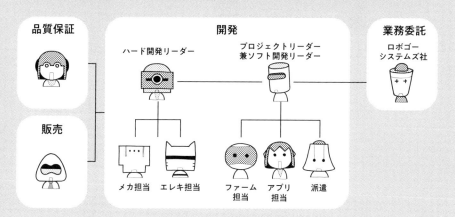

品質保証

販売

開発

ハード開発リーダー

プロジェクトリーダー
兼ソフト開発リーダー

業務委託

ロボゴー
システムズ社

メカ担当　エレキ担当　ファーム担当　アプリ担当　派遣

株式会社ロボチェック施設探訪 //////////

居室

居室は組織ごとの島型配置になっている。メンバーはコーディングしたり、事務処理や調査、相談したりする場所として使っている。

プロジェクトルーム

居室とは別にプロジェクトメンバー全員が集まるプロジェクトルームがある。プロジェクトすべての情報があり、メンバーは協力して状況の把握、課題の解決にあたる。

～それでもソフトウェア開発が好き～

ソフトウェア開発はやめられない

　本書を最後までお読みいただき、ありがとうございます。おそらく本書と同じような失敗をご経験された方には、その当時の切ない思い出がよみがえったことと思います。一方ハルさんと同じように、これからリーダーを目指す方々は数々の失敗例を目の当たりにし「え？そんなにつらいことが待っているの？」と、不安がいや増したことと思います。

　またソフトウェア開発経験のない方から見たら、こんなに大変なのに、どうしてソフトウェア開発に携わるのか、という疑問もわいてくることでしょう。それはひとえにソフトウェアというものが、新しい価値を創造し、劇的に世界を変え、未来を連れてくる力を持っているからです。

　ソフトウェアの力によって、安価なプリンタでも写真のような印刷ができるようになり、スマートフォンに搭載されているような小さなレンズでも映画のような動画を撮影できます。PCの中だけで音楽を作り、アルゴリズムに歌を歌わせ、絵を描かせることができます。そうして生み出したコンテンツは、またソフトウェアの力で世界に発信し、人々に感動を与えることができます。自動車は目的地まで自動で駆け抜け、ロボットによって精密かつ多様な生産が実現し、AIによって誰もが相談相手を持ち、高度な演算によってロケットを飛ばし人類を宇宙へといざなうこともできるのです。

　ソフトウェアは文化も空間も時間も超えて、人々の生活に新しい価値や楽しさを添えることができます。そこに大きな魅力を感じるのです。だからこそソフトウェア開発はやめられません。

　ただその分、ソフトウェア開発には苦労が伴います。世界を変える力があるのですから、世界がひっくり返るほど開発は難しいものなのです。とはいえ、ここ何十年かでソフトウェア開発も成熟し、成功に近づくための様々な知見やプロセスが考案されてきています。本書のような失敗も、あらかじめ理解し、備えておけば恐れるに足りません。本来ソフトウェアを作ることは楽しいことなのです。

謝辞

　まず、こんな失敗野郎のエピソードに興味を持っていただき、書籍として出版できるクオリティにまで引き上げていただいた、翔泳社の皆様、特に担当いただいた大嶋航平さまには感謝しかございません。もし本書がとても読みやすく、内容が理解しやすいと感じるなら、それはすべて大嶋さまのおかげです。ありがとうございます。逆に読みづらくわかりづらい点があるなら、それは筆者のくだけすぎた文体と、やりすぎた悪ふざけや狭すぎる喩えのせいです。ごめんなさい。

　阿部芳久さまには、本書の内容をチェックいただき、各エピソードに対する適切な助言をいただきました。現在も開発の最前線に立っておられ、日々お忙しいところ貴重なお時間を頂戴しました。本当にありがとうございます。本書に優れた含蓄があるのは、間違いなく阿部さまのおかげです。ソフトウェアに関する議論ができることは、とても楽しいことです。

　中原慶さま。本書にソフトウェア工学的な価値があるとしたら、それは中原さまのアドバイスのおかげです。特にアジャイルに関する示唆に富んだご指摘は改めて学ぶ点ばかりで、感謝してもしきれません。逆に本書で工学的におかしい点があるなら、それは筆者の無理解のためです。一生勉強であります。

　小林徹さま。いつも飲んだくれに付き合っていただきありがとうございます。ビアバーでIPAを傾けながら、小林さまから背中を押していただかなければ、本書は実現しなかったでしょう。また飲みに付き合ってください。

　そして何より妻には最大限の感謝を。筆者が楽しく人生を過ごせているのはすべて妻のおかげです。唐突に本を出したいと言い出しても笑顔で応援してくれ、本書のドラフトにもポジティブな感想をくれました。妻はいつも前に進む力をくれます。ありがとう。

　最後に本書を読んでいただいた皆様。本当にありがとうございます。少しでも本書が皆様のプロジェクトを成功に導くお役に立てることを願っております。

出石聡史

INDEX ///////////////////////////////////

出石聡史（でいし・さとし）

2023年3月まで、コニカミノルタ株式会社センシング事業本部の開発部にてソフトウェアリーダー（管理職）を担当。ほぼすべてのソフトウェアにかかわり、ソフトウェア開発の各ゲートにおける承認責任者として全プロジェクトの進捗をサポートした。各ゲートにおいては詳細設計や実装だけではなく、システム全体のアーキテクチャや、さらに上流の要求要件分析や企画内容にまで踏み込んだレビューを行い、顧客に刺さるソフトウェア開発を推進した。

また教育や育成にも力を注ぎ、販売や生産も含めたセンシング事業本部全体の新入社員教育や、大学生向けのインターンシップ、さらには基幹技術者向けのリーダー教育を企画・実施。技術者全体のスキルやモチベーションアップに貢献した。現在は会社を退職し、これまで培ってきた技術や経験を、若手技術者や新米マネージャー、ソフトウェアリーダーに伝える方法を模索中。本書が初の著書。

装丁・本文デザイン：坂本真一郎（クオルデザイン）
イラスト・漫画：出石聡史
DTP：株式会社シンクス
編集：大嶋航平
レビュー協力：阿部芳久、中原慶

ソフトウェア開発現場の「失敗」集めてみた。
42の失敗事例で学ぶチーム開発のうまい進めかた

2024年 6 月12日 初版第 1 刷発行
2024年10月10日 初版第 5 刷発行

著　　　者	出石聡史（でいし・さとし）
発 行 人	佐々木幹夫
発 行 所	株式会社翔泳社（https://www.shoeisha.co.jp）
印刷・製本	中央精版印刷株式会社

ISBN978-4-7981-8518-7
Printed in Japan